献给每一个我们爱的人

网站说服力

营销型网站策划 第2版

谢松杰◎著

電子工業出版社
Publishing House of Electronics Industry
北京•BEIJING

内 容 简 介

人人都有机会让网站的转化率提升 300%！很多企业建立了网站，但没有人浏览，也没有人咨询，白白浪费了推广费。而实际上，这些网站只需按照本书提供的方法，做简单的修改就会获得很多订单，转化率提升 300%！

本书提供了卓越的网站策划之道，阐述了一套营销型网站策划的完整体系，提供了营销型网站 10 条规范、增强网站说服力的 16 大要素，案例丰富，深入浅出，通俗易懂。本书第 1 版发行后，有大量高校、培训机构、网络营销外包和建站公司将本书作为教科书和员工培训手册。同年，其版权输出台湾，深受两岸同胞好评，被读者誉为网站策划的“圣经”。

本书第 2 版新增大量内容和案例，同时更新了部分案例。例如，“建站公司如何更好地为客户建设营销型网站”等内容，对于那些想在网络营销行业掘金，准备成立专业的营销型网站建设外包团队的创业者来说，更不能错过。

图书在版编目（CIP）数据

网站说服力：营销型网站策划 / 谢松杰著. —2 版. —北京：电子工业出版社，2017.5

ISBN 978-7-121-31409-4

Ⅰ. ①网… Ⅱ. ①谢… Ⅲ. ①网站－设计 Ⅳ.①TP393.092

中国版本图书馆 CIP 数据核字(2017)第 085013 号

责任编辑：林瑞和
印　　刷：天津嘉恒印务有限公司
装　　订：天津嘉恒印务有限公司
出版发行：电子工业出版社
　　　　　北京市海淀区万寿路 173 信箱　邮编：100036
开　　本：880×1230　1/32　印张：8　字数：208 千字
版　　次：2014 年 1 月第 1 版
　　　　　2017 年 5 月第 2 版
印　　次：2020 年 9 月第 10 次印刷
定　　价：49.00 元

凡所购买电子工业出版社图书有缺损问题，请向购买书店调换。若书店售缺，请与本社发行部联系，联系及邮购电话：（010）88254888，88258888。

质量投诉请发邮件至 zlts@phei.com.cn，盗版侵权举报请发邮件至 dbqq@phei.com.cn。

本书咨询联系方式：010-51260888-819，faq@phei.com.cn。

序　言

关键是网站!

超过 90%的传统企业在互联网转型中开展网络营销失败的原因出在网站上。

因为很多初次接触网络营销的企业简单地认为“做一个网站，然后花钱或找人推广就有订单了”。而实际情况是，网络营销是一个系统工程。从互联网商业模式设计到网站建设和网络推广，再到咨询、获取线索和订单，再到数据统计和分析，再到运营管理等，环环相扣，有机协作才能取得好的成绩。

在这个系统中决定成败的关键是网站。因为网站是企业互联网营销商业模式和营销思想的载体，也是企业线上或线下推广中努力希望用户看到的内容。用户通过网站对企业的产品和服务进一步了解，产生咨询、留下线索，成为客户，并在互动中产生数据，供运营人员统计、分析，然后进一步调整策略、优化改进工作，这一切都依赖于网站。

注：为了获得流量、用户信任、降低建站和运营成本等原因，有些企业并不自己建设独立网站，而是把网站建设在第三方公众平台上，如淘宝、天猫、京东等平台。这些依赖于平台而存在的网站通常被称为“店铺”。

数百个网站数十个项目的总结提炼

意识到网站在网络营销中的关键作用，2008 年开始，我专注营销型网站策划的研究和实践。2014 年，《网站说服力：营销型网站策划》第 1 版发行，是我在全球范围内观察和总结数百个高成交率网站策划和设计的规律，并总结本人亲自参与的数十个项目的经验成果。

版权输出台湾，影响两岸读者

在过去 3 年的时间里，该书帮助很多企业和个人提升了网络营销业绩，并且版权输出台湾，发行了中文繁体版，很多台湾同胞也因阅读本书而受益，甚至一些读者通过邮件或搜索与我取得联系，建立了友谊。

从高校教材到从业者“圣经”

另外，还有大量高校的“网络营销”和“电子商务”相关专业将本书作为教科书；很多网络营销培训机构也将本书的内容作为教学大纲中规定的内容；一些网络营销外包服务公司，例如建站公司，将本书作为员工培训手册和案头参考书，人手一本。

与时俱进，升级到第 2 版

事实上，该书超过 50%的读者来自网络营销外包服务从业者，这也让我有机会在书籍出版后的 3 年时间里与大量同行一起分享和交流网站策划的经验，拓宽了我的视野。在该书的基础上，总结我最新的收获，于是就有你现在看到的《网站说服力：营销型网站策划》第 2 版。

希望第 2 版能给你带来更大收获。

第 2 版新增的内容

第 2 版参考了读者对第 1 版的部分建议，同时，为了及时反映网站最新的发展，更新了一些案例，针对一些知识点新增了一些内容和案例。

例如，第 2 章讨论人的决策过程中，使用了一个无论何种职业背景人士都很熟悉的案例，而不是网络营销从业者熟悉的案例。

第 7 章，对营销型网站策划文案写作的 8 个技巧，做了展开和更为深入的讨论，并丰富了案例，以便理解。

第 9 章，新增了“建站公司如何更好地为客户建设营销型网站”的内容，这也是本书第 1 版来自建站公司的读者经常会问我的问题。书中所述的也是我为企业提供相关服务的实际工作流程。希望这部分内容对网络营销培训机构的学员和高校即将毕业走上工作岗位或创业的大学生有所帮助。

附录 B“国外营销型网站案例”更新了部分内容，以反映这些案例的最新变化。同时，新增了两个非英文（日文和俄文）的案例，帮助读者提升国际化视野。

新增了附录 C“网站营销型改版案例”的内容，收录了一些企业对网站改版升级有代表性的案例，这些案例呈现了改版前后的对比效果，让读者更加直观地理解书中的方法和技巧的实际应用。

本书的阅读价值

想做一个出色的营销型网站，策划非常重要。每一个营销型网站都有一个目标，要想实现网站的营销目标，网站必须被设计得有说服力。

在过去十多年里，我一直从事广告和网站策划等与设计相关的工作，从中摸索出了一些将说服力融入网站策划中，使网站具有更高转化率的技巧。将其总结为“营销型网站的 10 条规范”和“增强网站说服力的 16 大要素”。

在线下研讨班上，这些知识帮助很多企业提升了网站转化率。他们建议我尽快出版这本书，因为他们认为这样可以更好地帮助他们和有需要的人。我也是这么想的，于是就开始写本书的第 1 版。

但是，要把知道的东西写成书没有想象的那么容易。因为很多对网站的想法是感性的，只知道这样做会更好，往往缺乏对这种做法为什么好的深入思考。在写作过程中，让我有机会重新审视自己过去的工作，将很多感性的经验升华为理性的知识，并且重新学习和总结了更为系统的“人类决策行为”和“说服力”知识。

在完整地读完本书后，你会发现，这本书中教授的知识和技巧不仅可以用在策划网站上。处于以下任何一种情况，本书都可以给你很多启发。

1. 营销型网站策划：你正在负责运营一家企业的网站，但是，目前网站转化率不高，需要改版，或是从零开始重新策划一个新的网站。

2. 企业宣传手册策划：你的公司正在策划一本宣传手册，用来宣传产品和服务，提升公司形象，甚至直接将产品和服务卖出去。

3. 广告宣传文案写作：你正在准备写一个广告宣传文案，推广公司的新产品。

即使你不属于以上任何一种情况，鉴于你在生活中经常扮演说服者的角色，如配偶、父母、老板、员工、顾客、学生和老师等，都可以从阅读本书的过程中受益。

当然，这本书针对的是网站说服力的写作，如果要将这些知识应用到网站策划以外，可能需要做一些举一反三、触类旁通的思考。

本书努力让阅读轻松而愉快

这本书从筹划到第 1 版发布经历了 10 个月的时间，第 2 版新增内容准备和写作也跨越了 3 个年头。但是，读这本书不需要花很长时间，而且能学到丰富的知识。因为写作时我努力控制了篇幅，我看过很多好书都很简短有力，我希望这本书也是这样。例如，为了节约你的时间，避免在学习中遇到困难，书中我努力用通俗易懂的语言和案例来表达观点。

如果你现在正在运营一个企业网站，那么我希望你能打开你的网站，边看这本书，边思考如何将学到的知识应用到网站上，你会发现你的网站还可以更好。

祝阅读愉快。

谢松杰

2017 年 4 月

前　言

是该让网络订单翻一番的时候了

一个神奇的网站

它是一个网站，我已经关注了 6 年，不是因为它完美。

6 年前，在一次 Adobe Omniture[①]举办的网站分析产品推介会上，Omniture 团队的网站策划专家分享了这个案例。这些年，在研讨班上，我也经常分享这个案例。

---

① Omniture 的总部位于犹他州奥勒姆市，是下一代在线分析技术的先驱，它为全球的商务领袖和创新企业提供优秀的 ROI 提升方案。Omniture 是全球最大的基于 ASP 的网站收入在线分析供应商。Omniture 的旗舰产品——SiteCatalyst™ 功能强大，拥有业界领先的直观用户界面，使客户能够快速获取可用信息，是唯一能够在同一个界面访问流量、路径、促销活动、商务、区段和数据仓库的解决方案。凭借先进的技术和出色的团队，Omniture 服务的客户有 eBay、AOL、Wal-Mart、Gannett、Microsoft、Oracle、GM 和 Hewlett-Packard 等。2009 年 9 月 16 日，Adobe 公司宣布收购 Omniture。

不仅因为它是一个优秀的网站策划案例，更重要的是，它一直努力变得更加优秀，从不放弃任何一个细节。

参与这个网站改版的专家说，当他们第一次对网站按照营销型网站的要求进行改造后，转化率的提升不可思议地超过了 300%。对于一个网站来说，转化率提升 300%，通常意味着在流量成本不变的情况下，获得了相对之前 3 倍的有效线索或订单。如果折算成利润，则可能意味着增长了 10 倍甚至更高[①]。

只有更好，没有最好。

这家网站的改进从未停止。6 年来，这家网站一直在做各种测试和优化。哪怕只是删除一个单词，改变一个单词的颜色，交换两个句子的位置。

这个网站的名字叫 Voices.com。

在不断追求中进步，这是网站策划应该有的精神。

其实像 Voices.com 这样的网站案例非常多，它们具有很强的

① 例如，改版前流量成本 100 元可获得 3 个订单。每个订单的金额为 100 元，每个订单交付成本为 60 元。我们可以计算出 100 元流量所获得的利润为 3×100−3×60−100=20 元。改版后流量成本是 100 元可获得 9 个订单。每个订单的金额和交付成本不变。我们可以计算出 100 元流量所获得的利润为 9×100−9×60−100=260 元。利润提升超过 10 倍。

说服力。这些网站以实现网络订单为目的，我们称为营销型网站[①]。

网络营销人的世界

大学毕业之后，我一直从事市场营销相关工作，算起来已经超过 15 年了。互联网像潮水般滚滚而来，改变着这个时代所有人的生活。无数网民站在这股浪潮之上尽情享受着冲浪的快感，而另一部分人则潜入浪潮之中寻找财富和人生价值。

这股浪潮创造了很多财富神话，但是，这些神话不足以让所有的人功成名就，更多的人只是顺势而为，随波起伏。不可否认，每一个神话背后都离不开所有参与其中的人——你、我，还有他们。

互联网让人类进入了信息时代，在这个时代中一切都变得很快。如果从事了网络营销这个行当，那你就得不断适应新的网络应用；学会新的营销工具；忍受“今天学会用微博圈粉丝，明天粉丝们都去玩微信”的尴尬。这是网络营销人的痛苦，也是网络营销人的幸福，因为对于你来说，世界每天都是新的，每时每刻都充满挑战。

如果你厌倦了这种目不暇接的变化，那么无须改行，你依然能

① 关于 Voices 的相关信息请看本书附录 A“Voices.com 的改版和测试”和本书 7.2 节“营销型网站文案写作的 8 个技巧”和 8.2 节“营销型网站案例分析 02”。关于更多营销型网站案例，请见第 8 章“案例图解营销型网站说服力要素和页面布局”、附录 B“国外营销型网站案例”和附录 C“网站营销型改版案例”。

从网络营销领域找到一份“天天向上”的工作——网站策划。

是该让网络订单翻一番的时候了

网站策划现在对网络营销人来说充满无限机遇，因为目前在国内有超过 90%的企业网站缺乏专业指导。大量“糟糕”的网站正在给企业网络营销带来损失。

这些网站正在浪费企业的市场开发费用。更糟糕的是，那些网络营销入不敷出的企业因此丧失了对互联网的信心，甚至开始放弃网络营销，失去重要的市场竞争阵地。

令人惊讶的是，其中大部分企业网站只需简单改几句话，添加点内容，订单就会翻番。

是该让网络订单翻一番的时候了！而网站就是突破口。

轻松注册成为博文视点社区用户（www.broadview.com.cn），扫码直达本书页面。

- 提交勘误：您对书中内容的修改意见可在 **提交勘误** 处提交，若被采纳，将获赠博文视点社区积分（在您购买电子书时，积分可用来抵扣相应金额）。
- 交流互动：在页面下方 **读者评论** 处留下您的疑问或观点，与我们和其他读者一同学习交流。

页面入口：http://www.broadview.com.cn/31409

致 谢

在撰写本书的过程中，很多人给我提供了帮助。在此，要感谢他们为此书贡献自己的时间和智慧。

首先，要感谢的是本书的策划编辑林瑞和老师，当我第一次把书稿交给他的时候，他认真地阅读了书中内容，对我写的内容予以肯定，并鼓励我出版这本书。其次要感谢责任编辑徐津平老师和文字编辑杨璐老师，他们认真阅读书中的每一句话，对表达不清的地方提出了修改建议，因为他们的努力，读者在阅读这本书的时候会更加轻松愉快。这本书之所以版权能输出台湾，出版中文繁体版，出版社的编辑老师们功不可没。

在写作的早期，将作为本书核心内容之一的“增强网站说服力的 16 大要素”拿给身边的朋友和一些网络营销的专家求指教。他们中大多数人认真看完并给出了建议和鼓励，让我有了更大的动力完善这本书。他们的名字如下（排名不分先后）。

我的好友和曾经的同事，网络运营专家，新华教育集团网络运营部总监万直权；资深电商从业者，派代商学院联合创始人李冰；思盟网络营销学院创始人，中小企业网络营销专家石金瑞；还有一直支持我的同事小伙伴们，邱旺兴、拱海鸥、蔡向辉、李健、吴戈、李彦海、常胜、石浩、武东、张春豹、梁旭晶，当我开始写这本书的时候，我们一起为中小企业网络营销提供咨询服务，而他们不得不为咨询工作付出更多。

这里还要特别感谢的人是学以思网络课堂联合创始人杨波，虽然我们从未见过面，但他多次通过网络帮我在本书的结构上提出了非常宝贵的建议。

还有几百位来自互联网的热心陌生读者和我线下研讨班的学员，他们付费阅读了本书的部分内容，给出很多重要的反馈意见。他们的名字在此不能一一列出，但是，这本书之所以能顺利出版，也有他们的功劳。

还有十几家建站公司的学员朋友，感谢他们千里迢迢来北京参加我的研讨班，听我分享书中的内容。书中很多内容是在和他们分享的过程中得到改进的。这里特别要感谢的是网络广告投放专家吴戈，北京金方时代科技有限公司总经理解晓洋，他一直是我的忠实支持者。

最后不得不感谢的是，很多人允许我在写作本书的过程中以他们公司的网站为案例，如果没有他们的网站，那么我很难把要说的内容清晰地表达出来。

还有为本书出版和再版而努力的其他朋友，谢谢你们。

目　录

第 1 章

什么才是营销型网站

十多年前，当谈及网络营销的时候，对很多企业来说，这是一个新鲜的玩意。那时大家认为这是未来市场营销的趋势。

2017年，再谈论网络营销的时候，它已经变成了常规的营销手段。

也许再过十年，不会再像今天这样强调网络营销。因为那时网络作为营销的必备工具已经不值得再去单独强调。

虽然，今天网络营销概念已经普及，越来越多的企业从关注到付诸行动，但是，从行业发展的整体水平来说依然处于初级阶段，多数企业的网络营销工作依然缺乏专业指导。

这导致很多企业抱着很高的期望，匆忙上马进行网络营销，结果却是：网站建好了；网络广告投放了；微博和微信也开通了；钱花了不少；订单却没有几个。

企业在网络营销中并没有得到预期的回报，部分企业慢慢开始丧失信心，甚至有些企业开始怀疑网络营销的价值，意欲放弃网络营销。

但是，一个又一个由网络营销创造的神话，依旧经常在他们耳边响起。他们看到的是更多的竞争对手纷纷杀入网络营销。

网络营销对很多企业来说没有效果，放弃网络营销又害怕落后于竞争对手，咬牙跟进只会继续不断亏钱，在迷茫和困惑中陷入欲罢不能的尴尬境地。

企业做网络营销为什么没有效果？怎样做才能有效果呢？

1.1 做网络营销就像做菜

“治大国若烹小鲜”，做网络营销也是如此。

要想烹调出美味佳肴光有一堆好食材是不够的，还得有一本好菜谱。因为“好菜谱”能指导我们一步一步把“好食材”变成一道美味。做好网络营销也需要“好食材”和“好菜谱”。

在网络营销中，“好食材”是企业在传统营销中积累的宝贵素材和丰富经验。“好菜谱”是对企业将传统营销中积累的宝贵素材和丰富经验快速复制到互联网的有效指导。多数企业并不缺“好食材”，而是少一本“好菜谱”，所以做不好网络营销，只能望“材”兴叹了。

那么，到底什么是“好食材”和“好菜谱”呢？有了这两样东西后，如何做出一道“美味佳肴”？本书的主旨就是要讨论这个问题。

在分不清“油盐酱醋”之前，先别急着冲进厨房。首先来简单了解一下“做菜的步骤”，找出“做不出好菜”的原因。就从典型的网络营销漏斗开始吧。

1.2 典型的网络营销漏斗

首先要弄懂的第一个问题是：到底什么是网络营销？

简单地说，网络营销就是企业为了实现营销目的在互联网上开展市场营销活动。所以网络营销的本质还是营销，而网络只是营销的载体和工具。既然网络营销还是营销，那么它就像传统营销一样存在一个营销漏斗的问题，图 1-1 是一个典型的网络营销漏斗。

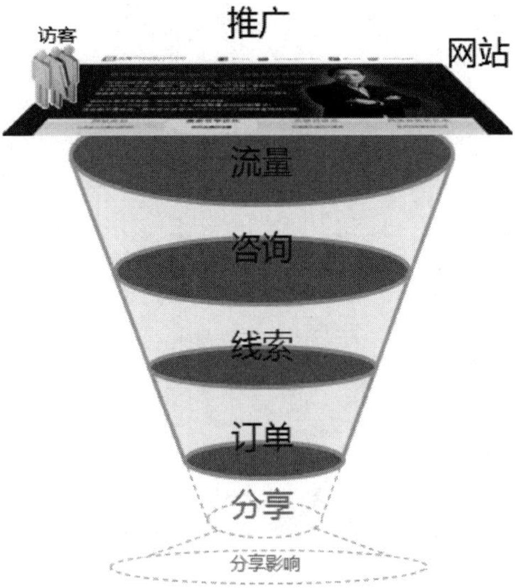

图 1-1　典型的网络营销漏斗

也许你对漏斗中的“流量”、“咨询”、“线索”、“订单”这些概念还不是很清楚，首先一起来认识一下这些概念。

流量：当有人访问网站时，我们认为网站有了“流量”。

咨询：访问网站的人通过网站提供的交互功能与在线客服进行沟通就是咨询。常见的咨询行为有拨打网站上公布的咨询电话、填写表单注册留言、使用在线即时沟通工具对话。

线索：客户咨询之后留下联系方式，便于后续进一步沟通，相当于获得了一个销售线索。

订单：线索分配给销售人员，通过后续沟通促使客户达成购买意向下订单。

从这个漏斗中，可以清晰地看出网络订单是从哪里来的。可以简单理解为企业通过推广获得流量，从流量中获得咨询，从咨询中获得线索，从线索中获得订单。但是，漏斗中还有一些其他的问题需要我们了解。

1. 有些网络营销活动所经历的漏斗环节比这个典型漏斗要简单，例如，当用户在淘宝、天猫、京东等电商购物平台购买商品时，常常从流量直接到订单，跳过了咨询和线索环节。

2. 在很多情况下，用户在网购之后会评价和分享。例如，在天猫、京东上购物，用户在收到和使用商品后，会发表评论。这些评论会影响后续用户的购买决策。

3. 在营销过程中，用户从上一个环节进入下一个环节都存在一定的比例，这个比例称之为转化率，每一个小环节都有转化率。通常，转化率介于 0～1 之间。也就是说，每一个环节都存在一定的流失。实际情况是能从上个环节顺利进入下一个环节的通常是访客中较少的一部分。

4. 在通常情况下，大家讨论的转化率是指从流量到订单的转化率，或者是从流量到线索的转化率，甚至是咨询转化率。具体是哪一种，要看当时所定义的转化目标是什么。

5. 网络营销工作努力的方向就是不断提升各个环节的转化率。在保证足够转化率的前提下，加大推广力度获得更多的流量，以便最终获得更多的订单（前提是企业不存在交付能力的问题）。

看到这里，你已经知道了做一道网络营销“小鲜”的大致步骤，也能猜出那些没有做好这道菜的企业的问题可能出在哪里了吧？下面一起来简单总结一下。

1.3 为什么做不好网络营销

做不好网络营销的第一个常见问题——**有网站，没流量**。

很多刚涉猎网络营销的企业认为网络营销就是做一个网站，留下联系电话，放到网上，然后守在电话旁等订单找上门。

这种现象早些年的确发生过，那时候上网的企业少。当那些较早懂得使用互联网的客户来到互联网上时，他们会发现可供选择的企业很少。面对有限的选择，他们会倍加珍惜，认真研读每一个有可能为他们提供服务的网页。这个时候，哪怕联系方式放在网页的一个很隐蔽的角落，都有机会被挖掘出来。

如果你是在这个时期开始做网络营销，并制作了自己企业的网站，那么网络营销也许就是这么简单。

但是，随着越来越多的企业进入互联网，这种情况不再容易发生了。当客户在网上搜索的时候，会有成千上万的企业等着为他们服务。面对这些竞争，很有可能你的网页从来就没有被用户看见过。

这一点都不夸张。如果在建设网站的时候，网页内容质量一般，又不懂搜索引擎优化，那几乎没有机会进入客户的视野。结果是，网站做好之后，除了公司内部员工看，几乎就没有被目标客户看过。

网站需要优化才有更多机会排在搜索结果的前面，才有更多机会被客户看到；网站需要推广才能获得更多流量。否则“有网站，没流量”，网络营销止于网站，自然也无法获得订单。处在网络营销初级阶段的企业多数都会遇到这样的问题。然而“有流量”只是第一步。

做不好网络营销的第二个常见问题——有流量，没咨询。

有人来访问网站，并不意味着就会获得咨询或订单。主要有以下两个原因。

1. 流量质量差

如果来到网站上的访客多数不是目标客户，而是被误导访问网站的人。这些访问产生的流量质量就很差，很难产生咨询或订单。所以应努力选择正确的推广方式，将广告推荐给那些真正有需求的目标客户，这就是经常说的精准营销。

在网络营销中，相对比较精准的推广方式是搜索引擎推广和近些年兴起的 DSP 广告。这些方式可以面向那些有需求的客户投放广告，比如搜索引擎的关键词广告。当客户搜索某个词时，展示相应的广告。

但不是只要投放这种广告，流量就一定是精准的；如果缺乏经验，选择了不恰当的词，写了不恰当的广告创意（带有误导性的、不切实际的承诺），那同样也有可能无法获得精准流量。

搜索引擎的关键词广告成功的关键在于能选择正确的关键词，写出对真正的目标客户有吸引力的广告创意，指向一个有说服力的着陆页[①]。

2. 网站没有说服力

即使来到网站的访客是目标客户，但如果网站缺乏说服力，同样无法获得订单。

因为如果网站不能引起访客的兴趣，不能让其快速理解你的优势，访客就不愿意把时间花在你的网站上，而选择离开，到其他可能提供优质服务的竞争对手那里。

所以要为精准的流量准备一个有说服力的网站。这正是本书讨论的重点——营销型网站策划。

---

① 详见本书姊妹篇《着陆页》，该书从“宏观”和“微观”上对着陆页的整体框架和局部细节做了深入讨论。

做不好网络营销的其他问题还有：有咨询，没线索；有线索，没订单。前者的问题出在“线上咨询话术”上，后者则是线下销售人员的跟单能力问题，也就是“线下咨询话术”。关于话术的问题，并非本书的重点，但是如果认真阅读本书完整的内容，则依然能从中获得启发。因为在网站上说服目标客户和在电话里或面对面说服目标客户有很多共性。

回到营销型网站策划中来，首先了解一下营销型网站的概念。

1.4 营销型网站的概念

所谓营销型网站，就是为实现某种特定的营销目标，能将营销的思想、方法、工具和技巧融入到网站策划、设计和制作中的网站。最为常见的营销型网站的目标是获得销售线索或订单。

一个好的营销型网站就像一个优秀的业务员一样有说服力：善于提问与倾听；能洞察用户的需求；能抓住访客的注意力；能高效传达自身优势；能解除客户的心理抗拒；能促成客户留下销售线索或直接下订单。更重要的是，它 24 小时不知疲倦。

优秀业务员最重要的能力是说服力，衡量一个营销型网站好坏的重要指标也是说服力。因此，营销型网站的研究重点是说服力及如何将说服力应用于网站上。

第 2 章将讨论营销型网站策划人员必备的说服力知识。

第 2 章

营销型网站策划人员必备的说服力知识

第2章
营销型网站策划人员必备的说服力知识

2.1 什么是说服力

无论从事何种职业，在特定的环境中拥有何种身份，在与他人交流和合作的过程中，常常需要应用说服力，以达到期望的目标。

例如，老公说服老婆周日去看电影而不是去逛街；妈妈说服孩子每天起床后自己叠被子；购物时，顾客说服商家以更低的价格出售商品；老板说服员工周末加班，提前完成生产任务；财务部门说服市场推广部门员工按照新的标准报销差旅费；供应商说服采购商提前支付货款；环保组织说服更多人参与环境保护计划等。

生活由一个个说服和被说服构成，不是去说服，就是被说服。说服力几乎成为一个人成功的重要能力。

虽然，说服他人的能力受身份、地位、职权、人际关系和以往在他人心目中的印象等众多因素的影响，但是，通过学习和训练说服技巧，我们的说服力还是可以得到提升的。

在日常生活中，有很多可以使用的说服工具和方法对他人施加影响。例如，语言、肢体和眼神，甚至将环境作为说服工具，也可以和被说服对象进行各式各样的互动交流，最终实现说服。

但是在网站上，需要说服的对象是那些坐在电脑前一言不发的访客，所能使用的工具非常有限，只有文字、图片、视频和即时聊天工具等。这意味着不需要学习那么多的说服工具和技巧，但要求我们对这些有限的工具非常熟练。

关于图文使用的技巧，本书第 7 章会有专门讨论[①]。提升说服力，首先需要掌握的知识是人的决策过程。

2.2 人的决策过程

要想成功说服他人，首先要弄清楚人是怎么做决策的。人的决策行为受各种复杂因素的影响，不同的人决策行为和习惯也存在很大差异，但从决策的整体过程来看，基本上会遵循以下五个过程（步骤循环）。

1. 需求确认
2. 方案收集
3. 方案评估
4. 克服决策压力
5. 方案执行

下面对以上五个过程做简单分析。

---

① 扩展阅读：《着陆页》第 5 章“着陆页上信息传达的 8 个技巧”。

2.2.1 需求确认

人类的需求就像冰山，只有小小的一部分显露在水面，而更多的隐藏在水下不被感知，前者称为显性需求，后者称为隐性需求。

显性需求需要被满足，否则会感到痛苦。隐性需求常常不被感知，不被满足时，不会引发痛苦。幸好如此，否则我们将会深陷痛苦的欲望深渊。

但是，隐性需求和显性需求可以相互转化，例如，隐性需求浮出水面时变成显性需求。显性需求沉入水底隐藏起来变成隐性需求。前者称为需求的确认，后者称为需求的隐没。需求被确认，则痛苦产生；需求被隐没，则痛苦消失。

“逃离痛苦，追求快乐”是人类的本性。如此控制人类行为，就是控制需求。确认需求的方法和隐没需求的方法本质上是一样的，只是使用同一种方法在相反的方向上努力的结果。因篇幅所限，此处简单讨论需求确认的原理①。

1. 内外部刺激确认需求

人类因受到来自身体内部和外部环境刺激而确认需求。

例如，当人体缺水的时候会感到口渴，“口渴”是来自身体的内部刺激，确认“喝水”的需求，而人体缺水的现象是人体和环境

① 扩展阅读:《着陆页》第 3 章“如何挖痛并确认需求”中详细讨论了“确认需求”的方法。

互动的结果。人体正常的生理代谢，以及在特定的外部环境刺激下产生的紧张情绪或排汗等因素，导致水分流失引发“口渴”等内部刺激，从而产生“喝水”的需求。

“喝水”这类需求发生的频率很高，只要受到“口渴”的刺激，几乎不用思考，马上确认“喝水”的需求。因为“喝水”能解决“口渴”，这是常识。显然，当“口渴”时，“喝水”很容易变成显性需求。

2. 通过学习（获取信息）确认需求

并非所有的需求都像“喝水”一样容易确认，大量的隐性需求需要学习才能被确认。这里的学习指的是“从环境中获取信息，并产生新的想法”的过程。可以是主动的，也可以是被动的。

举个例子，假设在一个与世隔绝的岛屿上，岛上的居民从来没有见过鞋，都是光着脚走路。某天从海上飘来一只船，船上下来一群人，都穿着鞋。岛上的居民看到因为有鞋的保护，这些外来的人们可以在乱石堆和荆棘丛中快速奔跑，很羡慕，也想试试穿上鞋，从而产生对鞋的需求，这就是从环境中学习的结果。

无论是受到“内外刺激”确认需求，还是从环境中获取信息“学习”而确认需求，都是人与环境互动的结果。这也是为什么常说“人是环境的产物”的原因。

2.2.2 方案收集

需求被确认后，不被满足就会产生“痛苦”，解决“痛苦”的方案通常不止一种。人们在决定执行具体方案前，会尽可能收集一些备选方案以供选择。这个过程称为“方案收集”。

继续以“不穿鞋的岛民”为例。在正常情况下，他们一旦确认了对鞋的需求，会思考一个问题，如何获得一双属于自己的鞋子呢？可能会想到以下方案。

1. 用物品和这些外来人交换。

2. 抓住一个有鞋的人直接抢走他的鞋。

3. 请教外来人教会自己做鞋。

方案收集完毕后，会进入下一个过程——方案评估。

2.2.3 方案评估

在方案评估阶段，人们会对备选方案进行“优劣”分析。最简单的方法是通过类似表 2-1 进行评估。

表 2-1 方案评估表

编号	方案名称	优势分析	劣势分析
1	交换	文明	语言障碍，沟通风险
2	抢夺	简单	不文明、安全风险
3	请教	文明	效率低

表 2-1 中的答案并非唯一，不同的决策者在评估时，有可能填写的内容截然不同。因为方案评估的过程实际上是决策者参考自身资源和能力对备选方案的主观判断，而非客观事实，所以不同的决策人得出的结论可能完全不同。

这也是为什么代表不同方案的利益相关者，都有机会说服决策者的原因。

假设决策者在此阶段成功找到“最适合”的解决方案，则进入下一个过程——克服决策压力。

2.2.4 克服决策压力

决策压力来源于决策成本和方案收益的不确定性。例如，上例中，如果“岛上的居民”选择方案二“抢夺”，那么他们一定会为执行这个方案付出时间、体力和他们未知的风险，同时并不能确保一定能成功获得想要的鞋。

执行成本越高，收益不确定性越大，决策压力越大。决策压力越大，越难进入下一个过程。

如果决策者不能克服决策压力，那么他们就不能进入方案执行阶段，放弃决策或退回到方案评估阶段，对方案重新评估。

所以试图说服他人，要努力降低其决策压力。需要认真分析决策压力的影响因素和构成，并一一解除。当决策压力小到一定程度时，被说服对象就可以进入最后一个过程——方案执行。

2.2.5 方案执行

方案执行阶段如果执行过程顺利，那么就完成了整个决策。如果执行受挫，则可能中止执行。

在这个阶段，从说服者的角度来说，应该努力为被说服者提供执行上的帮助，避免其因受挫而中止。

2.3 如何说服他人做出决策

现在已经了解了人们做决策的五个过程，说服就是要在每一步对决策者施加影响，推动决策的进程。要想达到好的说服效果，请注意以下原则。

1. 保持和决策者同步，不要轻易省略或跳跃某个过程。

人们的决策总是从需求确认开始，这意味着很难说服那些没有需求的人。说服的第一步是确认需求，如果需求没有被确认，那么试图帮助别人列举解决方案是毫无意义的。

就像如果还没有说服你的爱人确认要陪你去看电影，就开始讨论去哪家电影院，那是毫无意义的。或者像一位医生在没有确认病人得胃病的情况，就开始滔滔不绝地跟病人介绍胃病治疗方案一样滑稽。

说服的第二步是帮助他人收集方案。

人们在没有完成方案收集之前（至少他们自己认为还没有完成），就试图帮助他们对现有方案进行评估，通常对最终说服没有好处。因为即使最终得出的结论是你期望的，但是，方案收集并不完整，人们会想是否还有更好的选择而不能做出决定。

说服的第三步是帮助他人对方案进行评估。

方案收集被认为完毕之后，才能进入说服的第三步，帮助他人评估方案。完成方案评估之后，进入第四步。

说服的第四步是帮助决策者克服决策压力。决策压力越小，被说服的对象就越容易进入方案执行阶段，所以在这个阶段说服者会努力降低决策者的压力。

决策的最后一个过程是方案执行，在这个阶段说服者要协助被说服对象轻松完成执行过程，避免在方案执行中受挫而中止方案，导致说服失败。

要想成功说服，请和被说服者保持同步，不要轻易跳跃，除非确认他已经处在这个阶段，他得出的结论正是你想要的，才可以考虑直接从那个阶段开始。

2. 说服不是将个人意识强加给他人，人们需要自己做出决定。

在说服的过程中，需要通过对说服对象施加影响，让其主动从决策的一个过程进入下一个过程。

不可主观地认为被说服对象已经进入下一个决策过程，也不能强迫被说服对象进入下一个过程。在面对面的说服过程中，可以通过提问的方式来确认被说服对象是否已经完成某个过程。

3. 公正地评估方案，诚恳地提供帮助，更容易实现说服。

说服最重要的部分是信任，当被说服对象感受到真诚时，更容易产生信赖。是否信赖决定说服的有效性和效率。所以，说服过程中，要努力做到公正地评估方案，诚恳地提供帮助，不要试图欺骗。

营销的道德在于将正确的产品卖给正确的人，而不是卖给所有人。

2.4 说服逻辑

逻辑用来描述事物发展的先后和因果关系。

无论说话还是写文章都要有逻辑。说服他人的时候，同样需要逻辑。没有逻辑的表达杂乱无章，不知所云，更谈不上说服力了。

别人说话时，我们用逻辑来组织说话内容，逻辑指导先说什么，后说什么。

例如，在给客户打拜访电话的时候，通常是这样说的："喂，您好，是某某先生吗？我是某某公司的某某，给您打电话是想……"。先确认接电话的人是否正确，再自报家门，并说明打电话的原因，这就是电话拜访的说话逻辑。

逻辑能让说话的内容前后一致，并相互印证；逻辑能保证所说话的内容的合理性，同时告诉听众我们所说的是值得信赖的。例如，要取消计划本周五召开的会议，我们通常会这样说："由于本周五……所以取消计划在周五召开的会议……"。

事实上，说服逻辑是说服力的重要组成部分。关于说服逻辑在营销型网站中的应用，本书在后续章节中会有进一步的讨论。详细内容请看本书第6章"增强网站说服力的16大要素"的相关内容。

第 3 章

影响网站说服力的三大网站能力

说服力应用于营销型网站表现为三大能力，分别是理解力、信任力和行动力。下面通过一些案例讨论营销型网站的这三大能力。

3.1 营销型网站的理解力

想要说服别人，首先要让别人理解你说的内容。只有需要被说服的人明白你在说什么，才有机会说服他，网站也一样。

3.1.1 什么是网站的理解力

有说服力的营销型网站就像优秀的业务员。优秀的业务员要想成功地把产品推荐给目标客户，首先应该要做到的是，在客户失去耐心之前，快速将以下信息传递给对方。

1. 我是谁？

2. 我卖什么产品或服务？

3. 我的产品和服务能解决什么问题？

4. 为什么要选择我，而不是其他人？

5. 为什么要现在就跟我们合作？

同样，对于一个营销型网站来说，也需要将以上信息快速传递给每一个来到网站的访客。

如果说有不同，那就是营销型网站需要比优秀的业务员更迅速地完成这个过程，越快越好。

如果网站不能做到迅速抓住访客的注意力，迅速让访客理解到能帮他解决问题，那么访客就会马上离开，去寻找他认为更好的网站。

在互联网中，用户关闭一个网页所需时间非常短。一旦网站没有引起用户的兴趣，他就会在瞬间让网站从他面前消失。

这一点与传统线下的媒体不同。例如，地铁站人们面前的地铁广告有足够长的时间来引起人们的注意，上面的文字有机会被阅读。因为即使人们对广告不感兴趣，也没有办法瞬间让广告牌从面前消失。虽然可以转身不看这个广告，但是没法立即找到更有趣的内容，而剩下的几分钟时间里，不得不继续站在这个地方等车，所以可能会花点时间仔细阅读广告牌上的文字和图案，慢慢理解广告牌要传递的信息。

所以不能将传统广告策划和设计思想直接搬到网站上。有时，传统的广告通过创意引发受众的思考，加深对广告的记忆。而网站策划更倾向于注重信息传达的效率，用最短的时间把想要表达的信息传递给访客。

在营销型网站的策划过程中，常常需要对网站的设计稿和最终网页做任务测试，来检验网站的信息传达是否高效。具体做法是，找从来没有见过网站，也不了解相关项目的人，让他们打开网站，然后问类似以下几个问题，看他们是否能快速回答。

1. 网页属于哪家网站，网站叫什么名字？

2. 网站提供什么产品或服务？

3. 为什么要在这个网站上购买产品或服务？

另外，也会挑出网站上的一些图片或文字，问问人们是怎么理解这些图片和文字的，防止网站中存在有歧义的图文。

测试中，如果不能通过观察网站，快速回答问题，则说明网站需要被改进。如果对图片和文字的理解不是我们要表达的含义，说明图文存在歧义，需要重新调整。

如果你的网站从来没有做过类似的测试，则不妨现在就打开网站，试着问自己上面几个问题。

相对于陌生人来说，你对自己的网站非常熟悉，并且对公司的业务很了解，如果面对网站，你也不能快速找出答案，那么多数情况下，那些参与测试的人也不能给出满意答案。

下面看一组案例，体验这个测试过程。

1. 任务测试案例一

图 3-1 是某网站的首屏截图，请看图回答以下问题。

图 3-1 “简节办公”网站首页

问题一：这个网页属于哪家网站？

答案是：“简节办公”。这个很容易回答，因为在网站的左上角有一个“简节办公”的标志。

问题二：网站提供什么服务或产品？

“稍等，这家公司的网站是做复印机租赁的”。

这个问题回答起来不像第一个问题那样简单。因为页面上没有显而易见的关于“复印机租赁”的文字、图片或者视频。只有注意到导航才能看到“复印机租赁”的相关文字。

问题三：为什么要在这家网站租赁复印机？

请在这里暂停，并回到上一页的案例图中，尝试寻找这个问题的答案，然后继续看下一段文字。

答案是：“全城多网点，4 小时内快速送达。零风险租机，100%

全新机，配件耗材免费，免费维修，4 小时解决故障，免费提供备用机，节省超过 30%”。

你所获得的答案和上面的意思相同吗？

也有可能你忽略了在第一屏底部的一行文字。

即使是这样，也没关系。如果真的忽略了这行字，那不是你的错。这行字是网站希望让你看到的，但是你没有看到，说明网站做得不够好。

“一切的问题都是网站的问题”这是在进行任务测试时的良好心态。

2. 任务测试案例二

下面再来看第二个测试案例。

请看图 3-2，来回答以下问题。

图 3-2　多利多赌石网

问题一：这个网页属于哪家网站？

答案是："多利多"，这个很容易回答。因为在网站的左上角有一个"多利多"的标志。

问题二：这个网站提供什么服务或产品？

答案是："赌石"，回答这个问题一点也不难，因为在网站标志的后面有一句话"北京赌石翡翠原石第一站"。

问题三：为什么要在这家网站赌石？

这个问题回答起来就不是那么容易了。

3. 任务测试案例三

继续第三个任务测试案例，看图 3-3 同样回答三个问题。

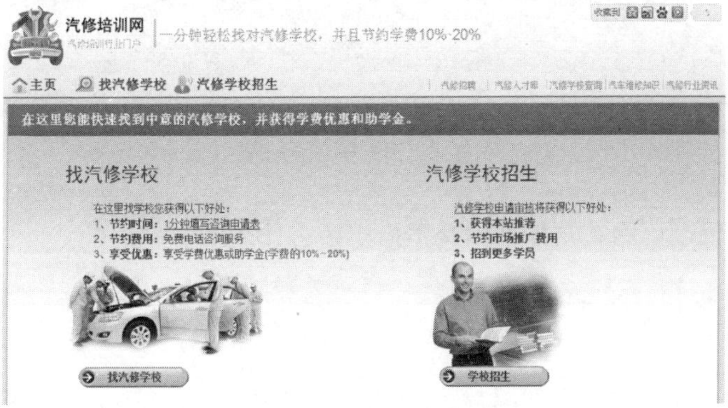

图 3-3 汽修培训网

问题一：这个网页属于哪家网站？

答案是："汽修培训网"，这个很容易回答。因为在网站的左上角有一个"汽修培训网"的标志。

问题二：这个网站提供什么服务？

答案是："找汽修学校，汽修培训中介服务"，回答这个问题一点也不难，因为网站标志的后面有"一分钟轻松找对汽修学校，并且节约学费 10%～20%"这样一行文字。同时在网页上还有两个非常清晰的"找汽修学校"、"汽修学校招生"的标题和按钮，如图 3-4 所示。

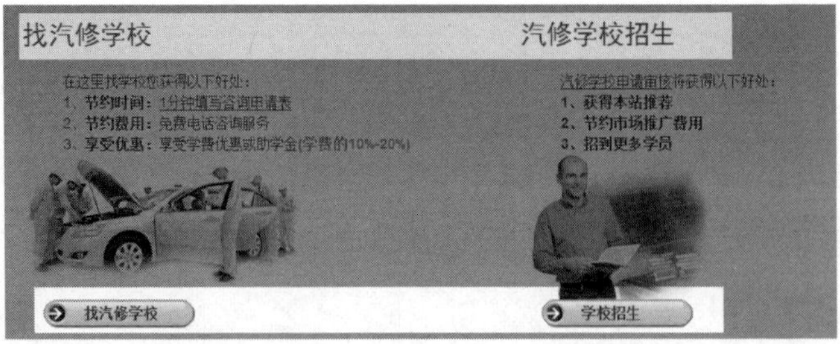

图 3-4　网站提供的服务

问题三：在这家网站找汽修学校有什么好处？

回答这个问题非常容易。

不仅可以从网站的宣传语"一分钟轻松找对汽修学校，并且节约学费 10%～20%"中理解到。在标题的下面还有一个专门的列表回答这个问题。显而易见，第三问题的答案是"节约时间，节约费用，享受优惠”，如图 3-5 所示。

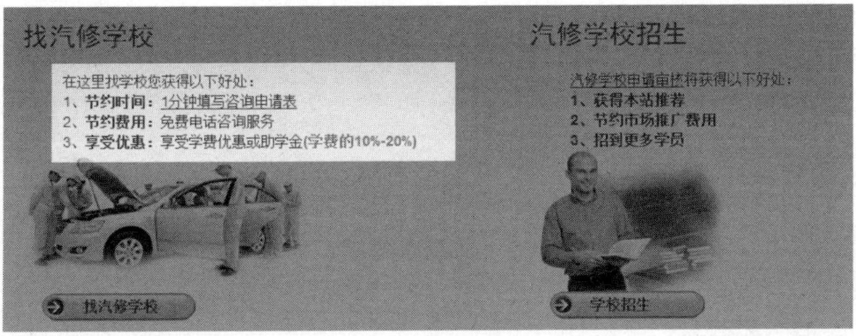

图 3-5　网站的好处

3.1.2　为什么不同的网站理解力测试的结果大不相同

三个案例任务测试的结果有很大不同。有的网站非常容易回答问题，而有的网站却不能。为什么呢？

测试中发现第一个问题“这个网页属于哪家网站？”，所有的网都能非常容易回答。而且能答出的原因是相同的——在网页左上角有一个标志，如图 3-6 所示。

图 3-6　三个网页的左上角都有一个标志

第二问题“这个网站提供什么服务？”，案例二和案例三能快速回答，而案例一则不能。这又是为什么呢？比较图 3-7 发现案例二和案例三有一个共同之处——网站标志之后都有一句网站宣传语。

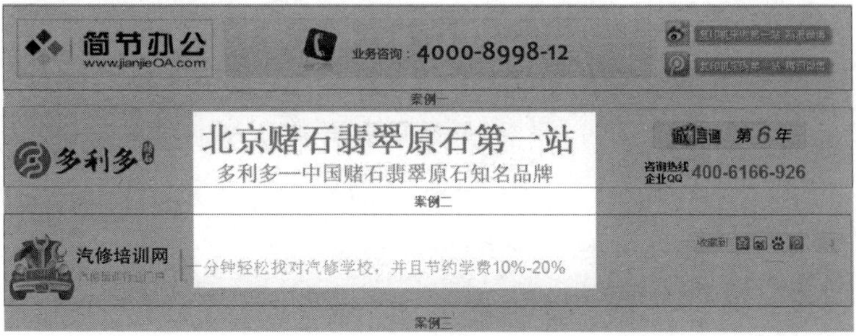

图 3-7　案例二和案例三都有明显的网站宣传语

从上面的分析不难看出，那些能回答问题的网站都有一些特定的元素。网站能回答用户想知道的问题，所以变得更容易让人理解。这样的网站更有说服力。

在回答第三个类似于“和这家网站合作有什么好处？”的问题时，有的一眼就能看出来，而且非常清晰，就像第三个案例；有的虽然能找到，但是并不容易，就像第一个案例；有的几乎找不到答案，就像第二个案例。

对于第二个案例，也许你会说：“如果在网站上，继续往下翻，则可能会找到答案”。对于一个有说服力的营销型网站来说，它应该做到第一屏就将必要的信息快速传达给访客。

网络营销有时很残酷。就像电视一样，当用户看到不喜欢的电视节目时，就会立即换台。通常用户是带着一定目的来到网站的，如果没有看到吸引他的内容，那就没有耐心继续往下阅读。

在营销型网站上，第一屏就应该将产品和服务的优势展示出来。显然，那个“赌石”的案例没有做到这一点。而“复印机租赁”案例虽然能做到，但信息传达的效率并不高。

在本书后续章节中，将详细介绍营销型网站应该具有哪些必备的要素，以及营销型网站应该遵守的规范。在这些规范的要求下，那些具有相关要素的网站能够更高效地向访客传达信息，获得用户的信任，并最终实现网站目标。

3.1.3 是什么在破坏网站的理解力

一切说服都建立在理解的基础上，同样网站理解力是网站说服力的基础。如果网站没有足够的理解力，那就很难有说服力。

网站理解力的问题和日常生活中的对话非常相似。那些导致对话中不能相互理解或理解不清的现象，同样会发生在网站上。例如，用词不当，使用有歧义的句子等。除此之外，在网站上，以下问题也会破坏网站的理解力。

3.1.3.1 缺少必要的网站元素

目前大部分企业网站，都可以通过增加必要元素大幅提高网站理解力。

举例，如图 3-8 所示是一家学校网站。看这张图，能知道这是一家什么样的学校吗？显然比较吃力。当然，如果真想知道这家学校的情况，可以查看“学校简介”。但是，营销型网站对此有更高的要求，要快速让用户理解你，越快越好。

图 3-8　“树人学校”网站

3.1.3.2　与网站目标无关的图片和文字

与缺少必要元素会导致理解力下降一样，多了不必要的元素，同样也会导致理解力下降。

做营销型网站策划和设计时，要时刻提醒自己网站的目标，避免使用与网站目标无关的图片和文字。

下面案例中所出现的问题也是目前大多数中小企业网站存在的典型问题。

如图 3-9 所示，这个网站第一屏中间有一张图和一行文字。图的内容是“雄鹰展翅”，文字内容是：“永不停止的求新，求佳，为客户提供优质的服务，满足客户的需求”。

图 3-9　与网站目标无关的内容

这是一家出售建筑模板的网站，显然，这张图和文字与网站目标关系不大。这样的口号或者企业精神，也许应该出现在公司的会议室或老板的办公室，而不是网站上。

再看网站右上角的柱状图，如图 3-10 所示。我想设计者找这张图是花了时间的，他们希望用这张图来暗示“业绩提升”或者“效率提升”，也可能是其他“好”意义。但是，这些都跟网站目标没有关系。相反，对用户来说，这些都是信息噪声，只会增加用户理解网站的负担。

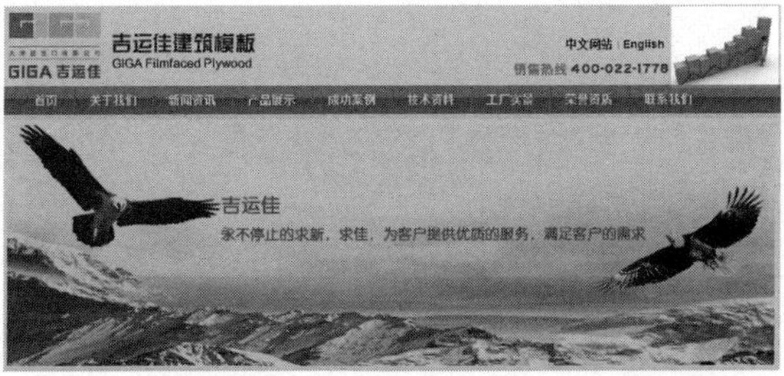

图 3-10　网站右上角与营销目标无关的柱状图

3.1.3.3 糟糕的设计和页面布局

糟糕的设计和页面布局也会导致网站理解力问题。完全一样的文字内容，如果排版不当，则会导致阅读理解困难，甚至误解。

好的设计和页面布局能够突出策划人员期望的重点，引导用户的视觉流程。

在面对面的沟通中，说话的人有机会自己决定先说什么，后说什么。但是，在营销型网站上，沟通不是由网站单独决定，而是通过页面设计和布局引导用户共同实现。如果网站做得不好，那就没有能力控制用户先看什么，再看什么。

举个例子，如图 3-11 所示的页面。你先看了什么，再看了什么，什么是重点。

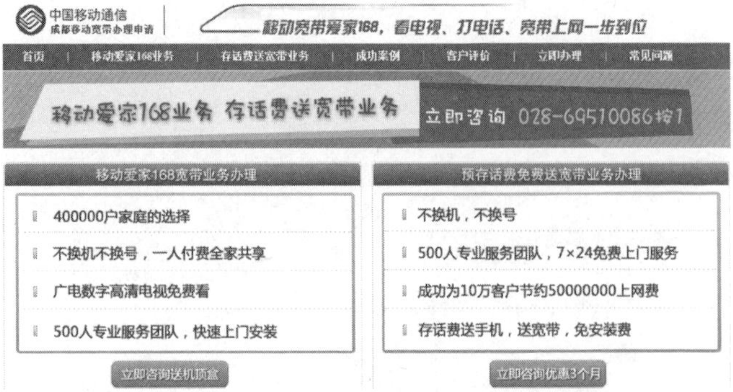

图 3-11 某宽带安装的网站

找其他朋友再看一次，比较一下，看看你们得出的结论是否一样。

糟糕的设计是没有明确的视觉流程，也没有清晰的重点。用户实际的视觉流程和策划原本期望的流程有可能不一样；用户认为的重点和策划人员期望表达的重点也有可能大不一样。

针对这个案例，同样的文案和内容不同的设计，效果会有较大差异，如图 3-12 所示。

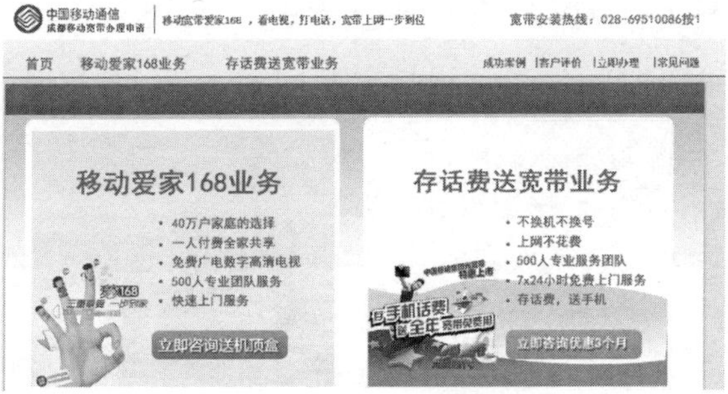

图 3-12　修改后的宽带安装案例

新的设计重点对导航和第一屏的主要内容做了调整。为了方便做进一步对比，下面将这两个设计的局部放在一起，如图 3-13、图 3-14 所示。

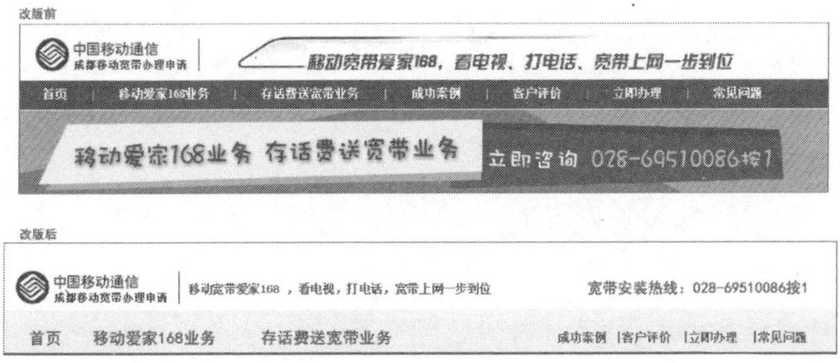

图 3-13　页面头部和导航部分的修改对比

图 3-14　第一屏主要内容修改对比

页面头部的修改是简化网站宣传语的设计，将咨询电话移到页面右上角。导航部分的修改表现为对菜单分级，重点突出网站的两项主要业务。

这部分的修改应用到的知识点比较多。这些知识点在本书后续章节中有详细讲解，可以在读完本书之后，再回到这里细细体会，赶快继续吧。

3.2 营销型网站的信任力

如果网站能让访问者轻松回答 3.1 节提到的三个问题，那么它无疑是一个优秀的网站。因为它做到了说服用户的第一步：让用户理解，但是理解不代表说服。

人类的行为是建立在价值观和信念的基础上的。价值观决定我们认为什么重要，什么不重要；信念让我们相信怎样才能获得那些我们认为重要的东西。所以说服他人，从让其理解到促成行动之间，还有一个非常重要的环节：赢得信任。网站也一样。

3.2.1 什么是网站信任力

网站在说服用户采取行动时，网站理解力让用户理解到行动的好处和必要性，而那些让用户相信的能力对营销型网站来说就是网站的信任力。

网站的信任力是营销型网站说服力最主要的内容之一，它对网站说服力的大小起到决定性的作用。就像在生活中一样，要说服他人，前提是赢得信任。

3.2.2 如何打造网站信任力

面对面沟通时，想赢得信任，可用的工具和方法有很多，例如，身份、职权、人际关系甚至是穿着和说话的方式，并在和他人持续有效的互动中不断增强信任。

但是在网站上，可用的工具和方法并没有那么多。需要通过向用户展示文字、图片或视频来建立信任。也只有访客信任，前面网站理解力部分表达的内容才能真正有价值，用户才有可能采取进一步行动。

在网站上，最常见的建立信任的方法是展示成功案例和用户评价，如图 3-15 所示。

图 3-15　通过展示成功案例和用户评价赢得信任

在后续章节中，会学到更多可用的建立网站信任力的内容。

1. 成功案例——事实胜于雄辩

2. 用户评价——让用户为你证言

3. 内容呈现——眼见为实

4. 生产过程——产品是这样被生产出来的

5. 服务过程——我们是这样为你服务的

6. 社会证据——那些可以传递权威和信任的事物

7. 荣誉展示——权威机构认可我们

事实上，信任力是说服力的核心要素，没有信任就不存在真正的说服。在强大的信任面前，说服会变得非常容易，甚至被说服者可以在理解不够的情况下，直接做出决策。例如，当充分信任一个人的时候，我们很容易听取对方的建议并采取行动，即使不是十分清楚行动的意义；在选购商品时，我们更愿意选择有品牌的商品，这样便不用投入过多的时间和精力对一个不知名的产品做深入研究和分析。

本书后续章节中的增强网站说服力的 16 大要素会对以上列举的信任力要素做详细讨论。

3.3 营销型网站的行动力

取得理解和信任并不代表实现说服。被说服对象真正采取期望的行动，并产生行动的结果才算说服的成功。对于多数营销型网站来说，客户主动咨询或者下订单才算说服成功。

在理解力和信任力的基础上，营销型网站应该具有行动力才能构成完整的说服力。

3.3.1 什么是营销型网站的行动力

简单地说，营销型网站的行动力就是网站促使那些对网站有一定理解和信任的访客采取行动的能力。目前，大多数企业网站普遍缺乏行动力，包括那些被很多人当成营销型网站的网站。具有行动力是营销型网站的标准之一。

3.3.2 通过行动号召来打造网站的行动力

想象一下，线下与客户进行面对面沟通时是怎么做的。

是否会按照这种说话的逻辑来沟通，“我是谁，我是干什么的，我可以帮您解决什么问题。请和我合作”。请注意，通常在沟通中会明确传达想和对方合作的意愿。

如果不将合作意愿传达给目标客户，那么通常合作的成交数量会降低。这就像跟客户介绍了半天产品如何好，却不提此行的目的，而很多时候却只有一次与客户沟通的机会。

要知道，来到网站上的很多人都是这样的，他们一旦离开就不会再回来。他们要么忘得一干二净，要么就找到了更适合的网站。

行动号召非常重要，因为即使在那些意向非常强的目标客户中，也不是所有的人都会在不明确我们意愿的情况下主动要求和我们合作。

那么什么是网站的行动号召呢？

3.3.3 什么是网站的行动号召

在营销型网站上，那些主动邀请用户采取行动的要素就是行动号召，行动号召是网站行动力的重要组成部分。

行动号召的主要表现形式有按钮、电话号码、在线表单等。

这里要强调的是，行动号召是出现在说服逻辑中的。那些放在网站某个页面或角落的，让用户主动寻找的联系方式，咨询按钮或表单不是行动号召。

如图 3-16 所示，下面的这个案例中并没有行动号召。

图 3-16 没有行动号召的网站

虽然，这个网站的右上角有一个“服务热线”，但是，这样的内容不属于行动号召的范畴。一个电话或者一个表单是不是行动号召，最重要的是看是不是网站主动提出的行动请求。

“主动性”是判断一个网站元素是行动号召的重要依据。出现在说服逻辑中并主动提出沟通请求的才是行动号召。就像图 3-17 所示的这个案例。

图 3-17　有行动号召的网站

案例中，Join Now 按钮就是一个典型的行动号召。它出现在一个简单的说服逻辑中，并主动提出了行动请求。

亲爱的读者，恭喜你，现在你已经了解到影响网站说服力的三大网站能力：理解力、信任力和行动力。

如果你正在负责一个网站，则请试着用本章学习到的知识检查一下网站吧。也许你会惊喜地发现，在网站上有很多地方还可以做得更好。

对于说服力，几乎可以写出这样一个公式：说服力=理解力+信任力+行动力。但是，只要做到理解、信任和行动，就一定能实现说服吗？如何将理解力、信任力和行动力有效地组合形成说服力呢？

在下面的内容中，将讨论这些问题。

第 4 章

营销型网站的 10 条规范——逻辑篇

如何有效地利用理解力、信任力和行动力打造一个拥有强大说服力的营销型网站呢？首先要确定的是网站目标，只有目标清晰、明确，才能有效地组织网站内容，并将说服力的知识有机地融入其中。

营销型网站的第一条规范是清晰的转化目标。但这只是营销型网站最基本的规范，相信你知道的关于营销型网站的规范越多，对它的认识就会越清晰，这里准备了10条规范，供你参考。

说服成功的标志是被说服对象采取了你所期望的行动。要想成功实现说服，应该弄清楚：跟谁说；说什么；怎么说；如何为自己说的内容找到证据；如何向说服目标提出要求；怎么帮助说服对象克服决策压力；如何促使他采取行动。

营销型网站要想解决好以上问题需要满足以下7条规范，才是一套完整的逻辑，所以将这些规范放在一起，构成我们对营销型网站的整体理解。

1. 清晰的转化目标——定位网站的目标
2. 明确的预期受众——定位网站的目标访客
3. 高度的信息相关——给用户想要的信息
4. 简洁的解决方案——给用户简单易行的方案
5. 清晰的社会证据——增加网站可信度
6. 明确的承诺保障——解除用户决策压力
7. 有力的行动号召——主动号召用户采取行动

4.1 清晰的转化目标——定位网站的目标

情景再现

“请你告诉我，我该走哪条路？”爱丽丝说。

“那要看你想去哪里？”猫说。

“去哪儿无所谓。”爱丽丝说。

“那么走哪条路也就无所谓了。”猫说。

——摘自刘易斯·卡罗尔的《爱丽丝漫游奇境记》

4.1.1 每一个营销型网站都有一个目标

如果没有目标，那只能盲从，再好的工具也难发挥应有的作用。营销型网站也一样，要想在网络营销中发挥作用，首先应该有明确的目标。营销型网站的第一条规范是清晰的转化目标。

明确了营销型网站要实现的目标，才能围绕目标准备内容，组织内容，开展网站的策划和设计工作。事实上，无论做什么，目标清晰、明确都很重要。

这个目标越清晰，就越容易做出优秀的、有说服力的网站。

4.1.2 常见的网站目标

通常，网站目标被定义为成功说服用户执行特定的行为。当网站的访客执行了所期望的行为后，我们就认为实现了网站的目标，或者称为实现了一次转化。

常见的网站目标有电话咨询、在线即时沟通、注册、订阅新闻、在线下订单、下载，参与募集；或通过与用户互动实现某种目的，如减少印刷成本、降低客服成本、增加广告收入、推广品牌形象、市场调研等，如图 4-1 所示。

图 4-1　希望用户在线或电话咨询的网站

这个网站希望访客单击“立即咨询”按钮与在线客服取得联系。

图 4-2 中，汽修培训网的目标是说服用户填写在线申请表单。

一个网站的目标可能是以上一个目标或者多个目标的组合。在营销型网站中最为常见的目标是电话咨询、在线客服咨询、在线订单、下载等。

营销型网站的目标并不是总通过某个页面一次实现。有时候，网站的整体目标会被分解成若干个小目标，通过引导用户完成这些小目标来实现网站的最终目标。

所以，在营销型网站的某个具体页面上的目标可能只是希望说服用户打开一个新的页面。

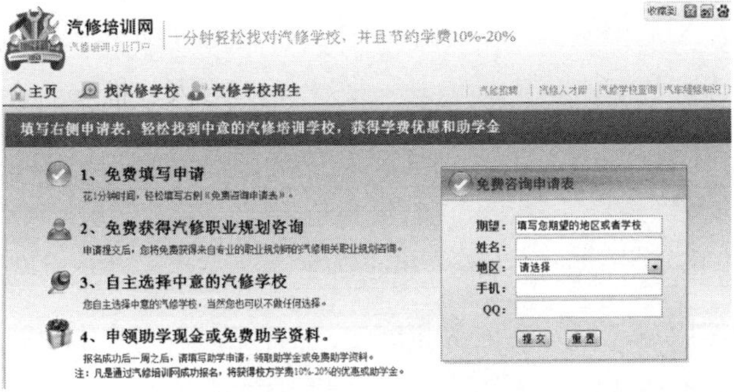

图 4-2　页面上的目标是说服用户完成在线申请表单的填写

图 4-3 中，网站的目标是单击按钮打开一个新的表单页面或者直接拨打电话。

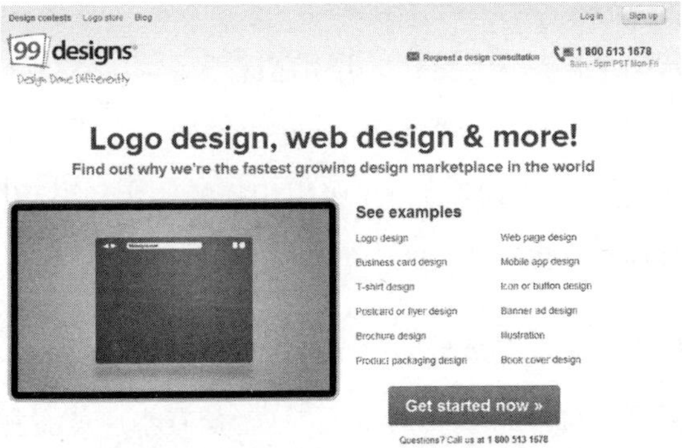

图 4-3　希望用户单击按钮打开表单或直接拨打电话的网站

无论网站目标如何定义，一定要清晰、明确。当明确了网站目标后，在网站策划的过程中，还要时刻专注于网站要实现的目标。

4.1.3 如何专注你的目标

对于营销型网站来说，无论目标被定义成什么，都可以归纳为说服用户采取网站所期望的行动。

在策划网站时，当你决定写下一句话，并放上一个图像或图形时，一定要问自己一个问题：

“这些对实现网站目标有用吗？是必需的吗？这句话或图形是否能增加用户对网站的理解和信任，是否能促进用户采取我们期望的行动？”

经常看到一些网站，打开之后，在第一屏非常突出、重要的位置上放置一个类似于“最新公告”的栏目，用来发布企业的公告和通知，比如“节日放假”、“某某通知”之类的。

对于营销型网站来说，第一屏承担着吸引用户注意，引起用户兴趣的重要职责。当决定在网站上放一个“公告”栏目的时候，应该思考的问题是“这个栏目对于吸引用户的注意和引起用户兴趣，实现网站目标有帮助吗？”。

也许你会发现，这个“公告”栏目对实现网站目标一点没有用，反而占据了第一屏非常重要的位置，这个位置本应放置那些用来吸引用户注意的内容。

这里要强调的是，这并不意味着营销型网站不能有类似“公告”这样的栏目。从营销的角度来看，应该将这些内容放到正确的位置上，让特定的用户看到他们，而不是所有的来到你网站上的人。

在访客中，因为一部分是已经访问过你网站的人，比如老员工和老客户，而另一部分人是第一次访问你网站的人。对这些陌生人来说，有些“公告”对他们一点帮助都没有，反而会干扰他们找对自己有用的信息，降低他们对网站的理解力。

有时，我们会忍不住将一些自认为“很棒的句子”放到网站上，希望借此向目标用户表达我们一些值得尊敬的价值观。但是事实上，很少如愿以偿。因为多数用户在发现我们的价值之前，对这些毫无兴趣。

图 4-4 的案例中，“我能够，我成功”对实现网站营销目标来说，几乎毫无用处。

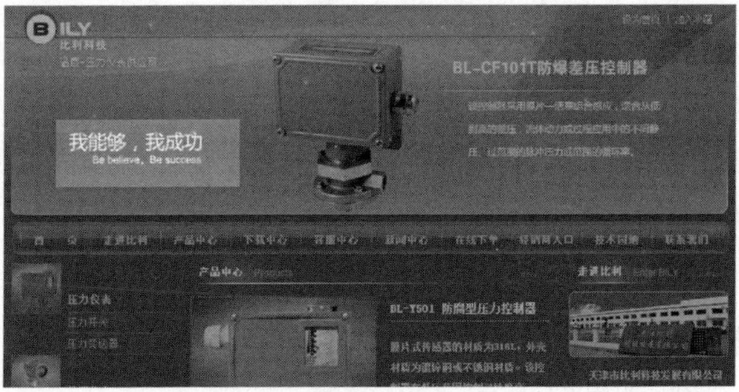

图 4-4　打开这个网站映入眼帘的是一行文字——“我能够，我成功”

这是目前很多企业在网站策划中经常会犯的错误。其实，那些来自互联网的访客绝大多数并不关心“你能够，你成功”。他们更关心的是“他能够，他成功”。你说不是吗？

所以在营销型网站策划的过程中，请专注你的网站目标，认真思考每一个网站元素是否必要；如果必要，则应该放在哪个位置，如何为它准备内容。

网站有了清晰的目标后，就像做生意时知道了“卖什么”，下面要弄清楚的是“卖给谁”。

这是营销型网站的第二条规范——明确的预期受众。

4.2 明确的预期受众——定位网站的目标访客

情景再现

学员：“老师，我们不仅想直接在官网上卖产品，还想在网上找一些加盟商。是把招商信息加到官网上好，还是单独做一个专门的网站好？”

老师：“你到底是希望他直接买，还是加盟呢？”

学员：“我希望想买的买，想加盟的加盟。”

老师：“这两类人关心的内容一样吗？”

学员：“不一样……”

4.2.1 明确预期受众，定位目标访客

在市场竞争中，一个企业在多数情况下不会试图开发一种可以满足所有客户的产品。而是开发一种可以满足某个特定细分群体的产品。

在传统营销中经常会使用这种产品定位策略。产品定位的同时也是对目标客户定位。

网站作为企业开展网络营销的工具，从某种角度来说也是一种产品。这种产品设计出来是为了满足特定目标客户的信息需求，所以网站策划中也有目标客户的定位问题。

简单地说，就是为了增强网站的说服力，网站应该是为满足特定的目标用户而设计，而不是为所有用户。

所以，在做营销型网站策划的时候，首先要做的是明确预期受众，让网站的内容只服务于这个特定的细分群体。

4.2.2 预期受众越明确，转化率越高

通常，针对性越强，说服力越高，页面的转化率就越高。要想获得高的转化率，营销型网站中的每一个页面都应该满足这一规范。

举个例子，假设你正在帮一家电脑培训学校做网络营销，目标客户是高中毕业生。经过关键词研究发现，有部分目标客户会搜索“学什么专业好”，也就是说，目标客户有对“学什么专业好”相关信息的需求。

为了面向这些有此需求的目标客户开展营销活动，首先需要整理一些信息以满足他们的需求，并在满足他们信息需求的同时，让

他们进一步了解学校和专业。

多数情况下，能想到的是策划一个网页。这个网页的内容是对“学什么专业好”的讨论，并在讨论中植入学校和专业信息。这是网络营销中常见的行为，事实上，很多企业就是这样开展网络营销的。但是，在这个过程中，不同学校的操作细节有很大差异。

如果遵循营销型网站的第二条规范——明确的预期受众，同时也有足够的时间，会把事情做得更加细腻。在第二条规范的指引下，会想到进一步细分预期受众。比如，按年龄、性别、学历、身份来进一步明确预期受众。

就像下面的案例，在这个案例中，这家学校针对“学什么专业好”的信息需求做了深入分析。对目标受众做了进一步细分，分别策划制作了两个页面“男生学什么技术好”和“女生适合学什么专业”，如图 4-5、图 4-6 所示。

图 4-5　进一步细化预期受众所制作的网站

图4-6 进一步细化预期受众所制作的网站

显然，这样的两个页面比一个“学什么专业好”的单页面的预期受众更加明确。对目标用户来说，更有针对性和说服力。

明确的预期受众让我们有机会策划出更具说服力的内容，并获得更高的转化率。也许你会问：“在策划营销型网站的时候，要怎么明确定义目标受众呢？目标受众划分得越小，工作量越大，怎么把握这个度呢？比如要是按年龄细分，那岂不是有很多网页要设计？”

完全没有必要担心这个问题，因为在实际工作中会有很多因素共同决定最终需要细分的程度。比如，在上面的案例中，可能并不需要从“年龄”的维度细分，因为学校面向高中毕业生所设计的专业在“年龄”上可能并没有差异性。

4.3 高度的信息相关——给用户想要的信息

情景再现

客人："请问贵酒店的商务标准间报价是多少？"

前台："对不起，先生，商务标准间已经预定完了。"

客人："我是想问价格，你能回答我的问题吗？"

前台："即使您知道价格，您今天也无法入住，先生。"

客人："看来我一定是问错人了。"

客人离开。

4.3.1 用户上网的目的是想找到自己想要的信息

互联网的核心优势是具有高速传播信息的能力，人们上网最主要的目的就是获得自己想要的信息。

在遇到问题的时候，我们常常会想上网查找答案，寻求各种可能的解决方案。同样会借助互联网对多种方案进行评估，最终找到合适的方案。

整个解决问题的过程是不断寻找信息、不断学习的过程。而在这个过程中，处在不同阶段的用户只对能解决当前阶段问题的信息感兴趣。

例如，假设小明是一名高三学生，对学习没有兴趣，没有参加高考就离开了学校。闲赋在家的小明想通过学一门技术，找到一份工作。但是，他并不知道什么专业适合他，也不知道学习什么专业比较好找工作。

处在这个阶段的小明最想获得的信息是“高中毕业学什么技术好”的相关信息。他想通过互联网来寻找答案，于是，他打开搜索引擎开始搜索“高中毕业学什么技术好”，如图4-7所示。

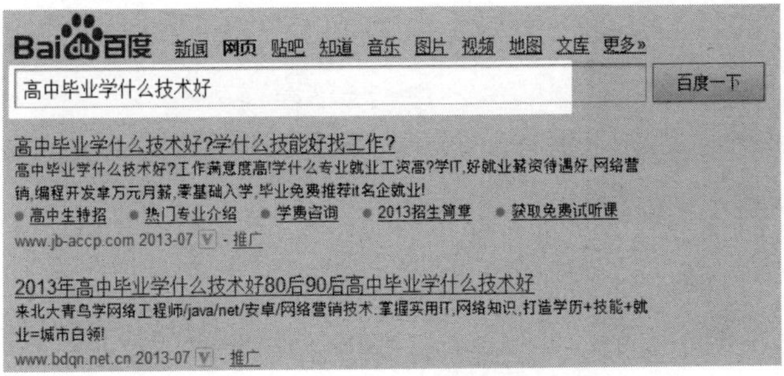

图4-7　搜索“高中毕业学什么技术好”

假设你是一家正在通过网络招生的汽修培训学校。招生对象正是像小明这样的年轻人。针对有类似小明这样的目标客户应该如何开展网络营销活动呢？

很多刚刚从事网络营销、缺乏经验的企业是这样做的：他们发现部分目标客户会在搜索引擎中搜索“高中毕业学什么技术好”。于是，开始投放相关的关键词广告。当用户搜索这个词的时候，网页中会展示他们的广告。用户单击这个广告会直接进入该企业的网站首页。

他们这样做的理由很简单，因为搜索这些词的人都是目标客户，所以当目标客户进入网站时，会看到网站所提供的汽修培训课程。如果客户对这些培训项目有兴趣，他们就会主动咨询。

听起来很不错，但是事实并非如此，很多时候，所期望的事情并没有发生。当客户在首页上没有看到“高中毕业学什么技术好”的时候，他们甚至连网站名字都没有看清就离开了。

4.3.2 人的眼睛只能看到自己想看的

世界是客观的，但每个人能感受到的世界是经过感觉器官过滤和加工过的主观世界。人们不会完全接受来自环境中的所有信息，而是选择性地接受和加工其中的部分信息，并且依据以往积累的经验来提升对信息的加工和理解速度。所以，见过的东西不需要再认真看，就会得出结论。

这种机制能让我们更快地理解环境，并将更多的精力放在处理其他信息上。不过，这种机制也有不利的一面，就是误解环境中的信息。

例如，在茫茫沙漠中，当看到远方有人骑着一只具有四条腿的动物在行进时，我们几乎会不假思索地认为，看到的是有人骑着骆驼在行进。事实上，并没有看清楚是骆驼还是其他的动物。

除非有人强调看到的不是骆驼，我们才会集中注意力，认真去分辨。也许会发现，原来那是一匹马，不是骆驼。但是在此之前，眼睛会告诉我们，明明看到的是“骆驼”。

人的耳朵也会犯同样的错误。记得有一次，我给客户的公司打电话，这家公司是做生态养殖服务的。拨通电话后，接电话的是业务员。我对着电话说："喂，您好，我是亚伦。"对方说："嗯，先生，您是养羊的，请问有什么需要帮您的吗？"知道对方没有听清我的名字，于是我放慢速度，提升音量说："您好，我是——亚——伦。"对方的回答是"先生，我知道您是养羊的。我们这里养羊的客户很多……"。

我不得不重复第三遍，事实上，我的普通话还是不错的。为什么这家公司的客服人员会连续听错呢？

原来他每天接电话，都会听到很多次这样的内容："喂，您好，我是养羊的。"也许，当他拿起电话的时候，他的耳朵就开始在准备听到"我是养羊的"声音了。所以，当有一个声音和"养羊"很像的时候，他的耳朵就告诉大脑刚才听到的是"养羊"。

同样的道理，当带着明确的需求到互联网上找信息的时候，为了提高获得信息的速度，我们的眼睛会专注于信息相关的关键字眼，而忽略其他看起来不是很关联的内容。如果提供的信息看起来和我们想要的不是很像，那么这些信息将被忽略。

4.3.3 用户在快速扫描而不是在阅读

通常用"冲浪"这个词来形容网民上网的情形，的确，在互联网上，面对海量信息，我们不是在阅读，而是在扫描，眼睛快速捕捉期望出现的关键词，如果没有捕捉到，则会快速离开，去看下一个页面。

如果想通过网站或某个页面吸引这些从页面上快速“冲”过的目标客户，则一定要在这个页面上放置他们正在快速扫描的“关键词”。

就像前面所说的小明求学的案例。目标客户要看的是“高中毕业学什么技术好”，而很多技能培训学校购买这个关键词广告，给客户看的是学校网站的首页。虽然，学校网站的首页内容是在介绍技能培训的内容，但是，首页上通常不会出现“高中毕业学什么技术好”，更不会专门围绕这个内容，为客户提供可供参考的信息。虽然这些客户是这家学校的目标客户，但是，至少在这个信息需求阶段，多数客户会离开这个页面，因为后面还有很多针对性更强的信息等待他们浏览。

4.3.4 推广费用就是这么浪费的

其实，这样的现象并不少见，现在就可以检查一下类似这样的关键词广告，看看此时此刻是否还有人将广告的链接直接指向其网站首页。

下面的案例同样说明这个问题。

有学习汽车修理需求的目标客户搜索“哪家汽修学校好”，会有一些汽修学校购买这个关键词广告。但是，请记住，如果购买这个关键词广告，当用户单击之后，给用户看的应该是“哪家汽修学校好”的相关信息，而不是如图4-8所示的案例中给客户展示的与关键词不相关的网站首页信息。

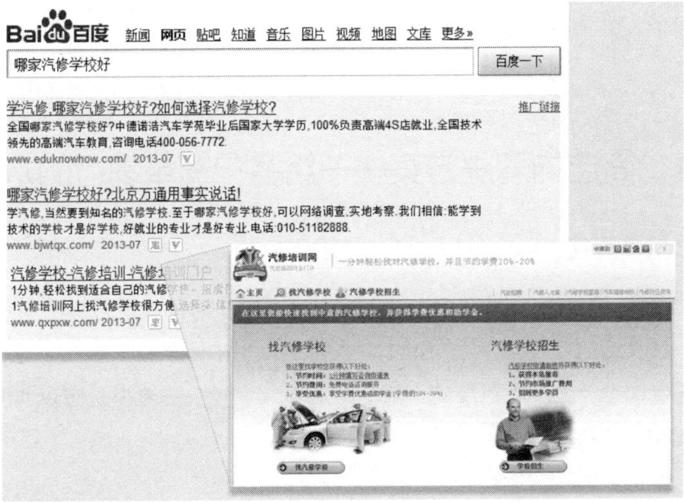

图4-8　搜索“哪家汽修学校好”

最好是当客户打开网页时，映入眼帘的最明显的字样就是“哪家汽修学校好”。如果信息不相关，那么网站说服力再强，都容易被用户忽略，失去说服客户的机会，推广费用就是这么被浪费的。

你也许在想，如果给目标客户看的信息是介绍“哪家汽修学校好”，那么如何推广自己呢？请注意，信息需要高度相关，并不是说页面上不可以推广自己的产品和服务。

在满足客户信息需求之后，有很多方式可以来推介自己。可以在信息中潜移默化地让客户知道我们的产品和服务以及优势。

其他的情形也是一样，无论客户是通过优化的自然排名，还是通过电子邮件或其他图文广告来到网站，请记住让客户看到的内容要和他们当初决定来到网站的内容保持高度一致。

4.4 简洁的解决方案——给客户简单易行的方案

情景再现

学员：“SEO 知识对我来说太难了，不学了，还是花钱做竞价吧。”

课程顾问：“其实学习 SEO 一点都不难，不需要任何电脑基础，一天就能学会，上次跟你情况一样的一位先生，听了一天课就可以指导团队做 SEO 了。”

学员：“是真的吗？”

课程顾问：“千真万确，你知道，要上楼可以爬楼梯，还可以乘电梯。用我们的方法学习效率是很高的。你可以先学习，学会再付费。”

学员：“那试试吧。”

4.4.1 销售产品和服务本质是在销售解决方案

客户购买产品和服务的本质是在寻求解决方案，所以卖产品和服务的本质是在卖解决方案。要想成功销售，应该把解决方案卖给客户，而不只是产品和服务本身。

下面来看看优秀的业务员是怎么做到的。

优秀的业务员善于挖掘目标客户可能存在的问题，并将解决这些问题的方案兜售给客户。在成功让客户意识到问题之后，无须总是强调产品的功能和好处，更多地强调产品能帮客户解决这些问题。

挖掘客户潜在问题，并成功让客户认同的过程本质上就是在第 2 章中提到的需求确认过程，也就是将隐性需求变成显性需求的过程。

需求一旦被确认，用户会进入方案收集和评估阶段。在这个阶段作为解决方案出售的产品或服务很容易被列入备选方案。一旦被列为备选方案，销售的机会就会大大增加。事实上，只要被目标客户考虑，往往意味着已经打开成交之门。

4.4.2 客户喜欢简洁有效的解决方案

所有问题的解决方案都不是绝对唯一的，客户需要对众多备选方案进行分析和评估，最终选择最适合自己的，对自己来说最容易实施的方案。

要想在竞争中获胜，就要让客户明白，和竞争对手相比，我们的方案是最简洁的，是付出努力最少的，也是最容易执行的。

因为客户倾向选择效果好，又简单易行的方案，或者在两者之间找到一种易于接受的平衡点。行动方案看起来越简洁有效，客户需要克服的决策压力就越低。

说服他人采取行动时，让行动变得简单非常重要。因为人的行为通常是建立在自身能力之上的。那些力不能及的事情很难成功说服。这就是为什么常说黄金客户的三个条件是“有需求；有购买力；有决策权”的原因。

做营销型网站的策划过程中要向目标客户传达这一信息：“我们为你提供的方案不但效果好，而且对你来说简单易实现。”

4.5 清晰的社会证据——增加网站可信度

情景再现

“要想让我们相信你，请拿出证据来。”

4.5.1 用证据来证明所说的一切

说服力的核心问题是信任。要想让别人相信你所说的一切，最简单的方法就是拿出证据。在营销型网站策划中，要充分展示那些可以用来证明自己的证据。

这些证据包括但不限于以下内容：成功案例、客户评价、荣誉证书、专利证书、检测报告、名人参观、获奖记录、销量记录，权威媒体报道等。

其实能想到的，可以用来作为证据的内容有很多。在为客户服务的过程中，我发现当需要这些东西的时候，往往并不是很顺利就能拿到。比如，最为常见的社会证据——成功案例和客户评价。

当向客户提出要了解他们的成功案例的时候，大多数客户只能提供一个客户名单，没有详细资料。而像样的客户评价更是很少有企业能够立刻拿出来。因为这些企业平时并没有养成收集成功案例和客户评价的习惯。

成功案例和客户评价需要企业在生产和服务过程中有意识地不断积累，如果平时不注意收集整理这些资料，又很难在短时间内获得，那么在需要的时候，很多企业只能着急到处拼凑。

4.5.2 保持营销意识，积极收集素材

在日常经营活动中应该时刻保持营销意识，及时用文字、图片和视频记录下企业成长中发生的各种事情，挖掘其中可以用来营销的内容，让营销部门的同事有更多可以利用的素材。

关于营销或宣传的意识，我有两次印象深刻的经历。第一次，是刚毕业工作不久，我被临时安排拍摄公司举行的员工运动会的现场照片。当我拿起相机的时候，正在举行拔河比赛。我试着从不同角度拍了几张照片。这是一场冠军争夺赛，竞争非常激烈，两个队都全力以赴地拼命拉绳。场地两边的助威声，呐喊声此起彼伏。眼看其中一队即将取得胜利，突然，站在最前面的一名队员滑倒，坐在了地上，但是，红绳并未过线，比赛继续。紧接着同一队又有一名队员滑倒，但是，他们都没有放弃，坐在地上更加拼命地拉绳，边拉绳边吼叫着，竭尽全力想保住刚刚好不容易获得的优势。在这个关键时刻，两队的啦啦队队员跨过了场地边线，在队员们的耳边

更加拼命地喊："加油！加油！"。整个场面沸腾了。我也情不自禁地加入其中，把拍照的事情忘得一干二净。

这时宣传办公室的主管把我拽了出来对我大声喊："拍照！拍照呀！"。我才恍然大悟，赶紧抬起相机准备拍照。但是，在我按下快门之前，比赛已分出胜负，激烈的场面很快就消失了。

观众用眼睛观看比赛，摄像师用相机观看比赛，这就是拍摄意识。

第二次是在我的线下网络营销研讨班上。开办第三期研讨班的时候，来参加研讨班的学员远远超出了预期数量，几乎是计划的两倍。我们把所有的桌子都移出教室后，还是有人不得不站在教室门口听课，场面非常鼓舞人心。实际上，开课前怕教室不够大，已经拒绝了很多经人介绍想来听课的学员。

每当想跟朋友们分享这个荣耀时，不得不放弃这个想法，因为当时并没有拍下照片或者视频。我所说的内容，没有相应的证据证明。

大多数人都不喜欢吹牛的人。如果要描述自己非常棒的经历，又不能提供有力的证据时，就很容易被人认为在吹牛，并失去对你的信任。

记住，为你要策划的营销型网站所要表达的内容找到充足的证据，这是营销型网站的第五条规范。

4.6 明确的承诺保障——努力降低客户决策压力

情景再现

Zappos 是美国一家卖鞋的 B2C 网站，目前是世界上网上卖鞋最大的网站。让 Zappos 如此成功的众多因素中，引人注目的是其为客户提供的 365 天超长免费退换货服务和 90 天延迟付款服务。

这样一来，Zappos 的客户可以同时在网上购买几种不同的鞋，试穿后保留适合自己和喜欢的鞋，把不合适的鞋退回到 Zappos，并不用为此承担任何费用和风险。

Zappos 虽然为此项服务承担了不菲的退换成本，但是，这些做法大大降低了客户的决策压力，让客户更容易做出决定。客户在购买后获得了非常高的满意度，客户愿意回到 Zappos 购买更多的产品。

用户决策的第四个过程是克服决策压力。决策压力来自决策的成本和效果的不确定性。通过向用户提出明确的承诺和保障，能大大降低用户的决策压力，进而推动其进入下一步决策过程。

Zappos 的免费退换货和延迟付款服务是一种典型的对目标客户的承诺保障，使客户在决策过程中感受到轻小的购买风险。只有决策压力足够小，才能使客户快速下决定。

在营销活动中，明确的承诺往往能达到意想不到的说服效果。事实上，在销售中承诺被广泛应用。

夏天，路边卖西瓜的商贩也会用这个方法来促进成交。买西瓜时，最担心的是买到不甜的西瓜。卖西瓜的商贩知道我们的担忧，于是他们会这样吆喝："西瓜，西瓜，又沙又甜，先尝后买，不甜不要钱。"我们听到"不甜不要钱"，担心买错西瓜的压力变小了很多，更愿意掏钱去买。

策划一个营销型网站时，请思考以下问题：能给客户的承诺和保障是什么？

这个承诺能打消客户的顾虑吗？这个承诺的成本和收益哪个大？怎样为目标客户准备一个明确的承诺？

本书与此相关的内容还有"第 6 章 增强网站说服力的 16 大要素"中的第 14 个要素"风险承诺"，将在那里详细讨论这个内容。

4.7 有力的行动号召——主动号召客户采取行动

情景再现

一个卖花小女孩在公园人员流动较大的入口，用 ABCD 四种方式兜售她的玫瑰花。

A："卖花，卖花嘞！"

B："先生，买一朵花吧？"

C："先生，给你漂亮的女朋友买一朵玫瑰花吧！"

D："先生，给你漂亮的女朋友买一朵玫瑰花吧！自家种的，好花不贵。"

4.7.1 没有有力的号召就没有满意的成交

上面的“情景再现”中，哪种话术有可能帮助小女孩卖出更多的花呢?

如果没有主动要求，则一些本来有意向的客户有可能会放弃成交。即使有了购买欲望，很多客户还是希望被要求，而不是主动成交，因为人们害怕作为交易的提出方会处于劣势地位。

对于一个有说服力的营销型网站，行动号召必不可少。几乎可以从观察一个网站是否有行动号召来判断这个网站是否是一个合格的营销型网站。

如图 4-9 所示，如果汽修培训网是这样设计的，可以认为这个网站没有行动号召力。为了实现网站目标，需要让用户快速看到行动号召，这个号召推动用户采取行动。

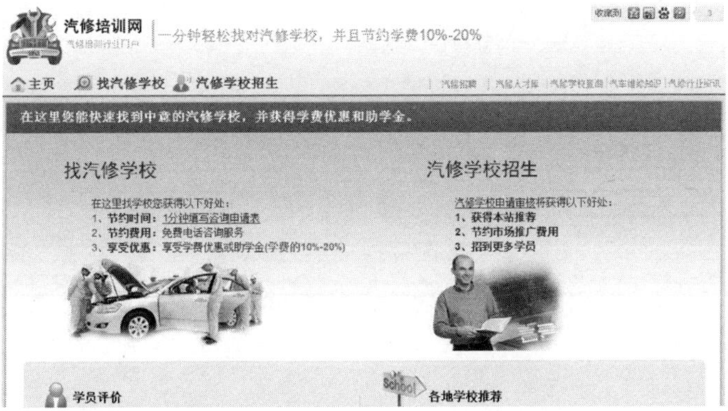

图 4-9　没有行动号召的汽修培训网

4.7.2 一个有力的行动号召的三项要求

每一个行动号召都是在要求客户采取行动。人们在被要求行动时，都希望有一个理由，理由越充分，采取行动的可能性就越大。所以要想更多地成交，网站不仅需要行动号召，而且需要一个有力的行动号召。

一个有力的行动号召应该满足以下三项要求。

1. **突出醒目**：能迅速抓住客户的注意力。

2. **清晰明确**：能让客户快速明白如何响应号召。

3. **理由充分**：能让客户理解响应号召的好处。

在策划一个营销型网站的时候，请记住为网站设计一个有力的行动号召，这是营销型的第七条规范。将在“第 6 章 增强网站说服力的 16 大要素”中详细讨论。

第 5 章

营销型网站的 10 条规范——环境篇

人的购买行为会在很大程度上受到环境的影响。好的购买环境会激发客户购买情绪。在特定的环境中，更容易成交客户。

在传统线下营销中，构成环境的主要因素有时间、地点、人和物。一个装修富丽堂皇、窗明几净的商店里面销售的商品给人高档优质的感觉；而一个简陋陈旧的商店里面销售的商品往往让人感觉质量差、价值低。所以人们常用“一颗钻石摆在地摊上只能卖出玻璃的价格”来强调环境对于销售的重要性。

在网络营销中，网站是构成客户购买环境的最主要因素。一个好的网站能为目标客户留下美好的第一印象，并营造出非常舒适的购买环境，从而获得更高的转化率和成交量。

营销型网站如何营造出有利于成交的购物环境呢？

1. 舒展的页面布局——通过布局来营造有利成交的网站环境

2. 舒适的色彩搭配——通过色彩来营造有利成交的网站环境

3. 愉悦的交互体验——优化交互体验来营造有利成交的网站环境

5.1　舒展的页面布局——通过布局来营造有利于成交的网站环境

情景再现

各种布局的家居住所如图 5-1 所示。

图 5-1　各种布局的家居住所

你愿意在哪种环境下停留更长的时间，是拥挤的、嘈杂的、压抑的，还是宽敞的、恬静的、舒适的？哪种环境能让你有更多耐心去倾听，去慢慢品味、去用心理解周围的事物？

5.1.1 通过布局来营造有利成交的网站环境

长时间在狭小局促的空间内，人会感觉压抑和紧张，容易产生疲劳和不良情绪，表现为急躁和缺乏耐心。同样当客户访问网站时，网站布局所展现的空间感也会对人的情绪产生影响。

网站的布局是对网站页面空间的总体规划和安排。良好的布局能让客户获得舒适的视觉感受和良好的交互体验。营销型网站的布局要求阅读流畅，层次清晰，布局舒展，无视觉压迫感。

图 5-2、图 5-3 中的两个案例，一个布局比较舒展而另一个比较局促，一起来感受一下两者对我们情绪的影响，并简单测试我们更愿意认真阅读哪个页面的内容。

图 5-2 鑫泉留学官方网站的某个版本

图 5-3　www.conduit.com 的某个版本

为了便于研究，来定义一个概念：**页面内容阅读率**。

将愿意花时间阅读的内容和网页上实际展示的内容的比值定义为页面内容的阅读率，试着估算一下，哪种布局有更高的阅读率。再试着估算一下，正常浏览状态下，客户在相同时间内从两种页面上读到和理解的信息量。

关于阅读率问题，显然舒展的布局通常有较高的阅读率。也就是说页面上被忽略的信息相对较少。

关于阅读量的问题，如果网站布局没有明显影响客户阅读速度的问题，那么在一般情况下，同一个客户在相等的时间长度内阅读量是相对稳定的——由个人阅读能力决定。所以一个客户愿意投入在网站上的时间长短，决定了他能看到网站上多少内容。一个客户对网站越有耐心，越容易读到更全面的内容，阅读率就越高。

通常舒展的页面布局会让客户有更多的耐心。舒展在设计上是由合适的虚实对比产生的，并不是无限制的放大页面空间，当然，通常页面设计得更舒展意味着页面越长，但这并不会给客户带来太多负担，因为轻轻滑动一下鼠标会获得大量的页面空间。

在线下销售中，通常业务员可用的说服时间越长，成功说服目标客户的机会越大。对于营销型网站来说同样如此，客户越能全面地阅读网站内容，就越容易被说服。

有趣的是：那些页面被设计得非常紧凑的企业网站，他们的理由也正是如此——“尽可能多地让客户了解我们，了解我们的产品和服务，优惠政策，还有企业信息等。比如，昨天又踢了一场足球赛，这样就会有更多的机会说服用户成为我们的客户。”

但是，事情没有想象的那么简单。就像日常交流一样，关键之处在于：不是我们跟听众说了多少，而是他们听了多少；不是说什么，而是他们听到了什么。对于网站来说，关键之处在于：网站上的内容不是放了多少，而是用户看了多少；不是在网站上放了什么内容，而是用户理解到什么内容。

5.1.2 什么样的内容容易获得更多耐心

想象一下在日常交流中，是如何让听众认真听你说的每一句话，并耐心从头听到尾的。

首先是利益，当听众感受到你说的话对他有用时，他才会认真听。同样在营销型网站上，当你考虑说什么的时候，请思考，从目标用户的角度来看，这些是否对他有用。比如，对于那些正在寻找某个产品和服务信息的用户，首次来到网站，像贵公司昨天踢了一场足球赛这样的信息是否对他有用。

其次是说话的逻辑，要学会使用有效的逻辑来组织要说的话。有逻辑的话语更容易让听众理解和接受，从而能较长时间集中注意力倾听。营销型网站同样如此，关于说服逻辑将在第6章“增强网站说服力的16大要素”进行详细讨论。

第三是内容表述的层次感。就像在日常生活中，和初次见面的朋友聊天，讨论最多的是当下彼此感兴趣的话题，而面对老友可能会家长里短，无所不谈。记住，要想让那些不了解你的人产生兴趣，先告诉他们你的价值；只有那些喜欢你的人，才有可能愿意花更多时间了解你的那些看似与他们利益无关的信息；而那些忠实的粉丝会对你的一切信息都感兴趣。

在营销型网站中，并非不能将类似“公司足球赛”的新闻放到网站上，而是要注意什么时候让用户看到。

好了，要想有更高的转化率和订单，请不要让页面布局紧张局促，合理安排内容，无论是多是少，为用户呈现一个舒展的，有逻辑和层次的页面吧。

5.2 舒适的色彩搭配——通过色彩来营造有利于成交的网站环境

情景再现

“成交从美好的第一印象开始。”

5.2.1 用户通过网站建立对我们的第一印象

经验丰富的业务员都有这样的感觉，成交与否有时在与客户见面的几分钟内就已经决定了。如果他们有机会在头几分钟抓住客户的注意力和兴趣，并赢得客户的尊重，那么在后面的交谈中一切都会变得易如反掌，所以有人说成交从美好的第一印象开始。

在线下销售过程中，业务员可以通过穿着打扮，说话音量和语气，以及举手投足间透露的自信和真诚来建立良好的第一印象。而网站更多时候是靠色彩和布局来建立第一印象。

通常“以貌取人”用来指责那些仅通过外表来判断人和事物好坏的行为。但是不得不承认，在销售中作为产品外貌的包装常常是人们决定是否购买的重要原因。

网站也一样，虽然用户要购买的是产品和服务，而不是网站本身，但是在某些情况下，网站本身的外观也会成为购买的主要因素。

5.2.2 什么时候网站的外观会成为购买的主要理由

客户调研是网络营销运营中的一种常规工作，在一次和客户一对一的深度访谈中，发现网站外观已成为用户购买的理由。

5.2.2.1 决策者对购买产品缺乏专业判断能力时

当客户对产品和服务缺乏专业判断能力时，他们会寻找一些非专业性的判断方法，来间接推测产品和服务的质量。这种看似非理性的决策行为有时似乎还是有些道理的。

下面是在访谈中调研人员和客户对话的大致内容。

调研人员："请问来我们公司前，你对其他提供同类服务的公司有过了解吗？"

客户："是的，我在网上找过，并且去看过他们的网站。"

调研人员："那你为什么选择我们而不是他们呢？"

客户："因为我看到你们的网站比他们的好看，所以就选择了你们。"

调研人员："你确信只是这个原因，促使您选择了我们吗？"

客户："是的，没错，因为我对这些专业知识不是很懂。但是，我发现贵公司的网站整体看起来比其他竞争对手的要舒服很多，细节制作上很认真，给人感觉很正规。我想以贵公司的工作态度，产品质量应该没问题。”

的确，很多时候让我们做出决定的不也是“看起来很正规”，你说对吗？

5.2.2.2 网站内容同质化较高时

在一个相对成熟的行业里，产品的同质化现象会比较容易出现。在网站也会遇到类似的问题，而且网站复制的速度更快，更普遍。很多网站的产品和服务甚至是内容都会出现高度的同质化。

当网站内容相同时，用户诉求将转向形式上的优劣。因为单单从内容已经无法判断孰优孰劣了，用户的注意力将转移到网站的外观上。当网站面对视觉型偏向的决策者时，外观会更大程度地影响用户的决策，而这一点尤其表现在内容服务类网站上。

5.2.3 网站色彩搭配的速成知识

作为网站外观的重要构成元素——色彩搭配，是在网站策划和设计过程中不得不考虑的重要问题。具体的网站色彩搭配该如何去做，不同的企业不一而同，但是，至少应该要做到舒适。

随着网络营销的普及，很多企业已经将网络营销作为市场营销的常规工作，传统的市场营销工具也向着网络营销方面延伸。企业视觉形象识别系统（VI）作为传统营销的最常用的工具之一，已经开始将网站的色彩和色彩搭配的标准化写入其中。这种举措有助于企业建立线上与线下统一的易于识别的形象。

如果企业还没有来得及导入VI系统，而你也没有系统地学习过关于色彩的知识，下面是一些关于色彩的速成知识，希望能帮你获得基本的色彩搭配技巧，不至于在网站色彩上犯较为严重的错误。

5.2.3.1 向大自然学习色彩搭配技巧

对色彩搭配的美的感受来自视觉经验。看得多了，看习惯了就会让人感觉舒适，舒适就是一种美。观察身边的自然世界，找找色彩搭配的技巧，常说："自然就是美"，因为大自然是最专业的色彩搭配师。

5.2.3.2 色彩的通感

色彩是有温度的，色彩是有重量的，色彩是有味道的，色彩是有感情的，色彩是有形状的，此时此刻你想给观看的人什么感受？是热烈，还是冷静；是甜美，还是苦楚；是热情，还是冷淡；是轻盈，还是笨重；是快乐，还是忧伤。相信多数情况你要表达的是其中的某个状态而不是同时向观众传达两种对立的状态；你并不想给观众一种杂乱无章、琢磨不透、飘忽不定、喜怒无常的印象。

5.2.3.3 整体统一，局部活跃

色彩搭配的基本技巧是"整体统一、局部活跃"。"整体统一"是因为每一个设计都有一个主题和主要的调性。"局部活跃"是因为不希望画面过于生硬死板，缺乏对比，单调得让人厌倦。

5.2.3.4 形象贴切，情感准确。

“形象贴切，情感准确”要求色彩所代表的形象、情感与网站所表现的形象、情感要准确一致。

例如，是成熟稳重，还是活泼可爱；是自由不羁，还是墨守成规。根据你的业务与受众的特点塑造贴切的形象，引起情感共鸣，增强网站说服力。

举个例子，BirchBox 是一家高档化妆品订阅零售电子商务网站。该网站女性频道的首页第一屏效果，如图 5-4 所示。

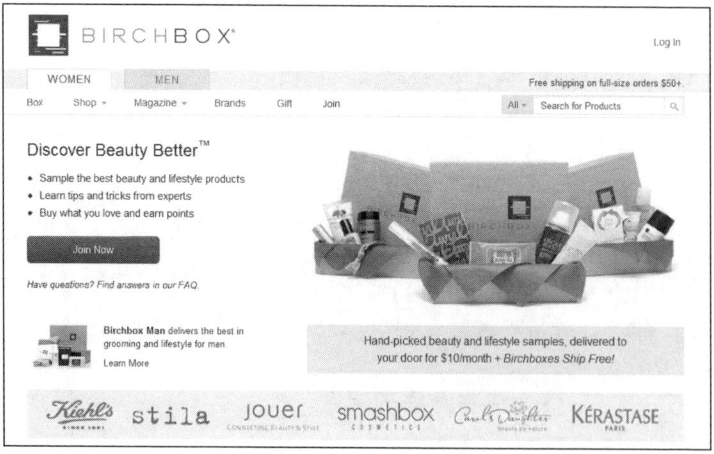

图 5-4 BirchBox 女性频道首页第一屏效果

页面整体上使用的“桃红色”与局部其他颜色的“点缀”满足了“整体统一，局部活跃”的基本要求，画面显得生动有层次。同时主打色彩，也比较适合女性的心理，形象和情感上贴切准确。

重点看一下该网站在设计时，为了在色彩上有更好的效果，所做的努力。

1. 为了符合女性目标客户的形象，标志的颜色使用了“桃红色”。标志颜色通常不是在网站设计时确定的，而是企业做形象识别VI系统时确定的。当然，一些没有VI系统的企业有可能在设计网站时，才确定标志颜色。

2. 主导航的颜色，使用了与“标志”颜色相同的“桃红色”，这是设计师在设计时，考虑到“整体统一”而设定的颜色。

3. 在“优势”下面的行动号召按钮和按钮下面的一行小字后面的“FAQ”的颜色与标志颜色的“桃红色”相同。这里的设计也是在考虑“整体统一”的原则。

4. 右侧图片上包装盒里垫的“桃红色”的纸，也是为“整体统一”而设计的。

5. 图中底部其他公司的标志被统一处理成单色。

由此可见，设计师们在使用颜色方面为了达到理想效果可谓用心良苦。事实上，在广告拍摄与形象传播中为了获得好的画面色彩，很多企业花费的财力和物力远远超过我们的想象，毕竟，色彩是最主要的形象识别工具之一。

以上四点建议希望能给你一些启发，关于平面设计中色彩搭配已有大量的专业书籍可供参考，本书不做深入讨论。

5.3 愉悦的交互体验 ——优化交互体验来营造有利于成交的网站环境

情景再现

“人们愿意和自己喜欢的人成交。”

营销型网站一切的努力，都是为了说服用户采取行动，最终实现网站目标。而这些行动可能是由一连串的交互动作来完成的。没有什么比由于网站本身设计的问题，导致采取行动的用户中途放弃更糟糕的事了。

交互体验是用户体验的一部分，用户体验涉及的内容非常多，前面提到的布局和色彩都可以归纳到用户体验的范畴。

更广泛的用户体验知识，不仅是针对网站，还涉及生活中的方方面面。例如，每天都在用的手机，无论是硬件还是软件在设计时都考虑过用户体验；甚至生活中最简单的工具——也许是此刻正被你坐在身下的椅子，在设计时，都会有用户体验方面的考虑。用户体验实实在在是一门科学。

在本书中，重点讨论营销型网站需要注意的交互体验的常见问题。

5.3.1 让网站快速响应用户请求

有人统计，用户能够忍受的最长等待时间大约在 8 秒左右，如果网页加载时间在8秒以上，有可能大部分访问者会离开，转向其他页面。除非你的网站是他唯一的选择。

现在有很多方法让网站拥有更快的响应速度。比如，购买多线服务器，使用CDN内容分发技术，在服务器端采用GZIP压缩技术，对网站的代码和页面元素（如图片、CSS 文件、JS 文件）进行有效优化等。

5.3.2 让填写表单变得简单而愉快

营销型网站常用表单来收集销售线索、留言、注册、在线预约等。设计表单时，请尽可能地让表单简短易于填写。参考以下几条建议有助于实现一个交互体验较好的表单。

5.3.2.1 尽可能减少填写项

对于营销型网站来说，获取销售线索远远比获取完整的客户信息更重要。为了避免用户被冗长乏味的表单吓跑，应该尽可能减少表单的填写项。

你可能会说，收集更全面的信息有助于业务员在跟客户联系的时候有更好的准备。事实上，很多时候没有必要在第一次就完整收集用户信息，也很少通过一次跟单就能达成交易。对于留言、预约和注册来说没有什么比让客户顺利留下联系方式更重要。

图5-5是某培训机构的“在线预约报名”表单，看看如何优化这张表单项，以获得更高的填表率。

图 5-5　某培训机构的“在线预约报名”表单

首先，所有的非必填选项都可以删掉，既然是非必填的项目就没有必要放在表单里“吓唬”客户。

其次，“性别”、“职务”、“公司”，甚至“姓名”对于获得销售线索来说，都不是必须的。而“手机”和“邮箱”只需要获得其中之一，就能和对方取得联系。

这里并不是说这些信息不重要，而是没有必要一次性收集完整。客户信任有多少，决定他愿意留下多少信息。在建立信任之前，更容易获得的是客户的“邮箱”。

好了，来看看这个新表单，如图 5-6 所示。

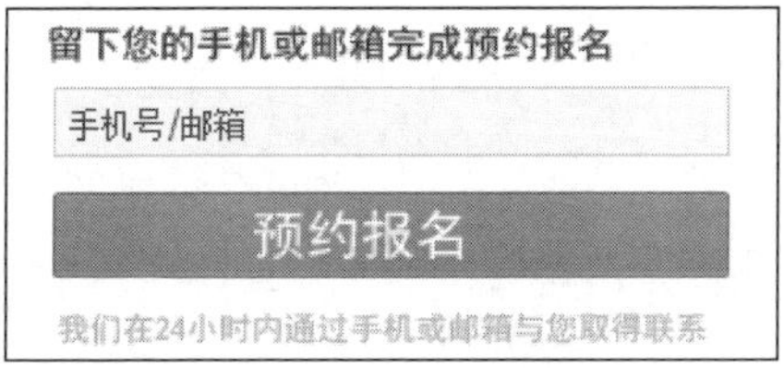

图 5-6　修改后的表单

与前面的预约报名表单相比，你更愿意填写哪一个？

5.3.2.2　提示流程和进度

当需要用户完成的交互动作比较复杂时，可以通过向用户展示进度和流程，让用户提前预见到下一步。如图 5-7 所示这个案例中，淘宝的注册页面向用户展示了注册流程和当前进度。

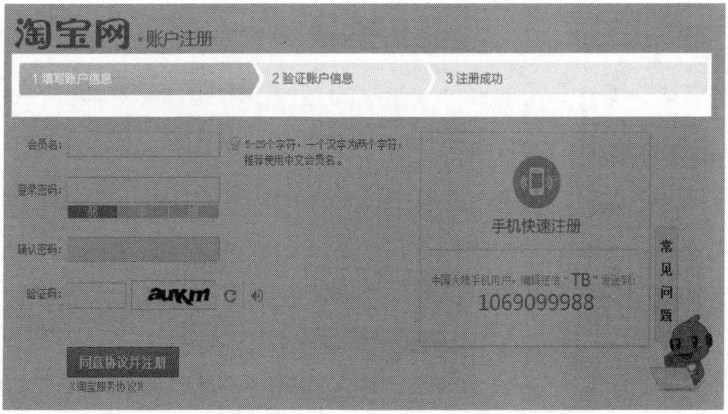

图 5-7　淘宝注册页面显示注册流程和当前进度

5.3.2.3　提供执行帮助

为用户提供必要的提示和帮助，有助于顺利完成交互动作。

图 5-8 中，淘宝注册页面对会员名和密码提出了要求。在验证码部分，提供语音提示，有助于用户更方便地识别验证码。

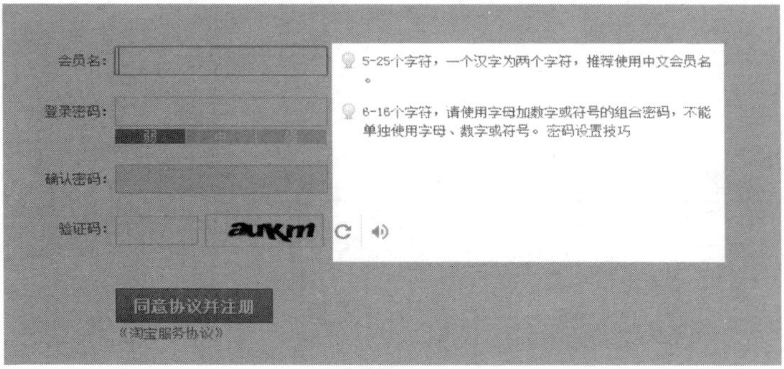

图 5-8　填表时用户获得的提示

5.3.3　其他交互任务测试

用户除了填表之外，可能有其他交互行为。比如，找到公司的咨询电话，找到公司的地址和乘车路线，在不同目标页面间快速跳转，获得在线客户的帮助等。需要对用户在网站上要完成的每一个动作做任务测试，确保执行过程轻松愉快。

亲爱的读者，恭喜你已经了解到了让营销型网站更具说服力的“10 条规范”。现在就打开你的网站，对照这些规范，看看哪些可以改进。是否有所感悟，但是，你好像还不知道从哪里开始，没关系请看第 6 章的内容。学完这些内容，也许对你来说，营销型网站的策划就会像搭积木一样简单了。

第 6 章

增强网站说服力的 16 大要素

这一部分将详细讲解增强网站说服力的 16 大要素，它是营销型网站策划的核心内容之一。在本章中，设计了一些小模块，以便学习起来更加轻松。它们是情景再现、比较一下、要素说明、案例分析、特别分享、小试牛刀等模块。

具体内容和作用如下。

情景再现：再现一些用户访问网站时遇到的问题或与网站要素相关的场景。

比较一下：通过比较理解说服力要素的存在价值。

要素说明：对说服力要素内容进行阐述和说明。

案例分析：针对每一个要素进行详细讲解并举例说明。

特别分享：针对某些具体问题的建议和经验分享。

小试牛刀：根据书中学到的内容尝试对指定的网站进行改进。

通过以上内容的学习和实践，希望你能轻松而愉快地掌握本书的内容。

现在就让我们开始吧。

6.1 标志——告诉用户“我正在访问什么网站”

情景再现

“这是什么地方，我走错了吗？”

有些网站没有放置企业的标志或者没有将其放在“正确”的位置。

没有在预期的位置出现网站的标志，很难让用户快速弄清楚以下问题。

- 我正在访问哪家企业网站？
- 我是否已经离开刚才那家企业网站？
- 我来对地方了吗？

比较一下

比较图 6-1、图 6-2 所示的两个网页，看看分别属于哪家企业。

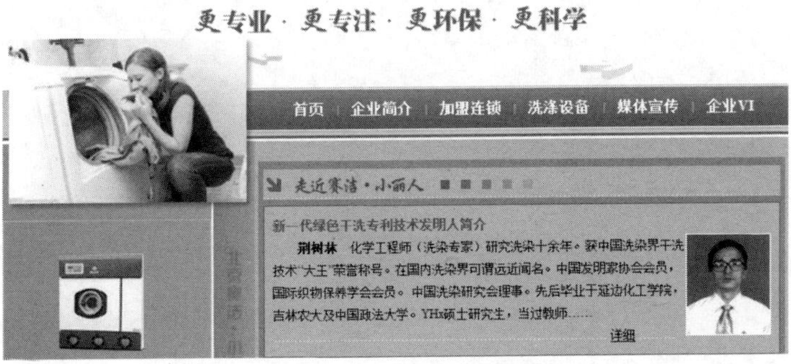

图 6-1 网页 A

图 6-2　网页 B

点评：网页 A 中的顶部缺少公司标志，让人很难快速知道这个网页属于哪家公司。网页 B 在预期的位置出现了公司标志，很容易就看出这个网页来自“鑫泉留学”网站。

要素说明

当试图跟陌生人对话时，通常先要做一个自我介绍，让听众知道正在和他说话的人是谁，以有助于快速建立基本的信任。

在营销型网站中，标志承担着这一重要的角色，所以标志是营销型网站必不可少的第一个要素。通常在网站的**左上角**放上公司标志，告诉客户**他们正在访问哪个网站**。

案例分析

图 6-3 的案例来自配音中介网站 voices.com，网页的左上角的标志，让访客一眼就知道自己身在何处。

图 6-3　配音中介网站

记住是**左上角**的位置，而不是任何其他位置。对于多数网站来说，任何其他位置只会降低用户理解网站信息的效率。例如图 6-4 的案例中的做法就不是很好。

图 6-4　不好的图标位置

极少数网站的首页只是**形象页**或者**内容简单的页面**，可不遵循这个规律。例如，如图 6-5、图 6-6 所示的两个网站的标志放在页面的中央。

图 6-5　标志放在页面中央的案例 1

图 6-6　标志放在页面中央的案例 2

特别分享

关于标志的设计和使用

1）标志是品牌视觉识别的灵魂

企业视觉形象识别系统（VI）[①]对于快速建立品牌发挥着重要作用，

① 企业视觉形象识别系统（VI）是以标志、标准字、标准色为核心展开的完整的、系统的视觉表达体系，是传播企业经营理念、建立企业知名度、塑造企业形象的快速、便捷途径。

而标志设计是 VI 设计的基础和核心。有品牌才有未来，标志是企业宣传不可或缺的工具，如图 6-7、图 6-8 所示。

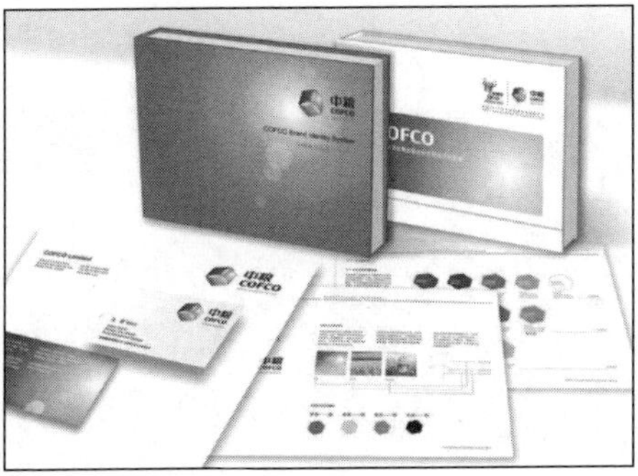

图 6-7　中粮集团的标志及企业 VI 系统应用案例
（案例来自正邦品牌的策划与设计）

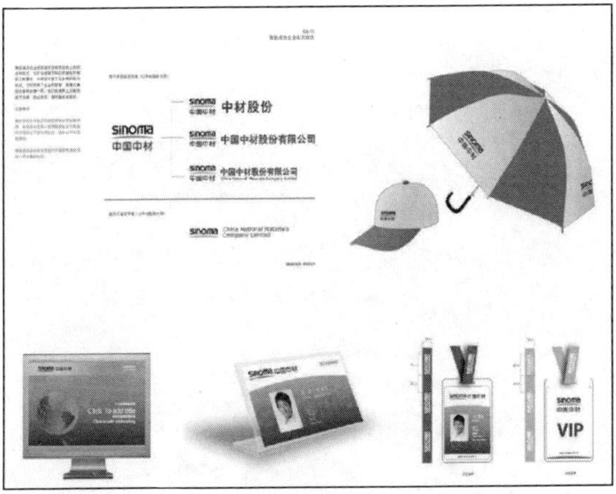

图 6-8　中材集团的标志及企业 VI 系统应用案例（案例来源同上）

对于初创型的企业来说，也许认为公司小暂时可以没有标志，以后发展起来再说。但是，如果离网站发布还有半个小时的时间，那么建议还是动手先设计一个标志吧。

对于访问网站的用户来说，标志意味着更多的依赖感，因为标志通常代表一个品牌，标志代表一个公司的信仰和坚持。

不要担心自己动手设计的标志不够出色，有总比没有好。先放上，然后慢慢完善它，或者等有条件再请专业的公司设计一个更好的标志。这样的做法在公司的发展过程中并不新鲜，那些著名的公司的标志也有同样的经历。

2）标志的发展经历了从具象到抽象，从繁杂到简洁的过程

不要担心以后修改标志会带来损失，事实上很多著名公司的标志从初创到现在都经历了多次修改，比如**从具象到抽象**，从**繁杂到简洁**，从**古朴到现代**。

也就是说即使现在就请专业公司设计标志，随着公司的发展、时代的变迁，以及审美感的变化，将来还是会修改公司标志的。

下面是几个著名公司的标志设计及演变的案例，希望对你自己动手设计或改进标志有所启发。

（1）英荷皇家壳牌集团的标志

组建始于 1907 年的英荷皇家壳牌集团是世界主要的国际石油公司，该公司的标志最初是一个具象的贝壳，经过 100 年演变和 10 余次改动，才有了今天色彩明快、视觉冲击力强、传达效率高的著名标志，如图 6-9 所示。

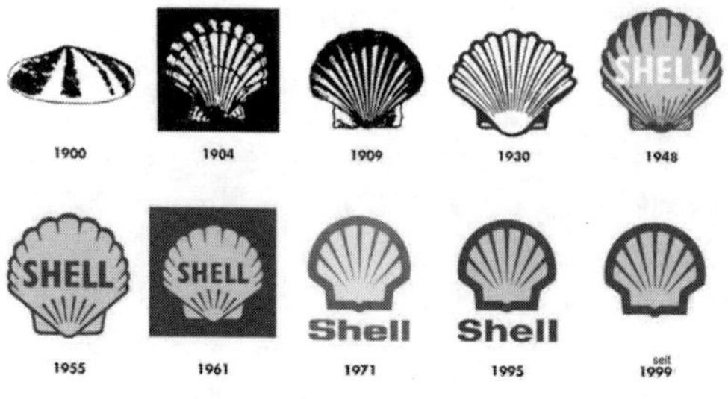

图 6-9 英荷皇家壳牌集团的标志演变过程

在色彩选择上，英荷皇家壳牌集团的标志采用红色和黄色两种温暖而明快的色彩代表能源，给人类带来的光和热。在形状上，贝壳的扇形和线像太阳光芒四射，同时，这些向上扩散的线条寓意着向上和蓬勃发展。中国石油天然气集团公司的标志在设计上有类似寓意，如图 6-10 所示。

图 6-10　天燃气集团公司的标志

（2）百事可乐公司的标志

百事可乐公司是美国最大的软性饮料公司之一。该公司的标志从初创到现在也经历了十余次改进，最新的标志是一个笑脸标志。新的标志保留了百事可乐的红、蓝和白的色彩搭配，以及圆形外观，笑脸代表了百事“可乐”，如图 6-11 所示为百事可乐的标志。

图 6-11　百事可乐的标志

1898 年，百事可乐公司标志以花体字造型出现，直到 1963 年才以等线体替代，这是百事可乐公司标志进化过程中的重大突破。圆形带锯齿的外观来自瓶盖的造型，暗示百事可乐公司饮料的属性。1972 年将瓶盖造型简化为圆形，使视觉效果更简洁有力。

新的标志相对老的标志更简洁并富于动感，越来越年轻化，充满青春的活力。这是百事可乐公司的标志和目标受众、企业发展、时代审美三者的有机互动。

3）有丰富含义的标志具有生命力和传播力

努力让标志有丰富的内涵，设计时铸入，设计完成后挖掘和赋予。

请看图 6-12 中苹果公司的标志，如上所述苹果公司的标志也经历了从古朴繁杂到简洁明快的过程。现在所使用的标志是一个“缺口的苹果”，创意十足。这里跟大家分享一下苹果是如何赋予标志丰富的含义的。

图 6-12　苹果公司的标志

（1）苹果公司标志的丰富含义

一种传说乔布斯创业时的车库后面是个果园，于是就随便选了一种水果作为品牌名；另一种传说是当初乔布斯也想不出好名字，下班时看到老板在吃“苹果”，于是选了“苹果”。苹果的第一个正式标志是传统徽章样式的，内容是牛顿与砸到他的那颗苹果（图 6-12 最左边的 1976 年版本）。

乔布斯和他的苹果公司一直倡导创新精神，他们选择这个作为苹果公司的标志，应该是想表达“苹果”带给他们的灵感与想法。就像牛顿当初被“苹果”砸中，灵感乍现发现万有引力一样。

缺口苹果的含义：关于这个“缺口”有一种说法是来自于计算机上byte的谐音。在英文里“bite”（咬）和计算机方面的专业术语“byte”（字节）发音一样。

第二种说法是苹果代表卓越不凡和难以抗拒的诱惑力，是被偷咬的。

第三种被赋予的含义是“缺口”代表不完美，就像没有完美的人一样，没有完美的产品。意指“苹果”公司不断创新追求完美的精神，而“不完美”才是真正的“完美”。

（2）标志的丰富含义需要不断地挖掘和后天赋予

苹果公司的标志美观大方，含义丰富，堪称经典之作。实际情况是标志的含义更多是标志完成后挖掘出来，后天赋予的。下面对话来自对苹果公司标志设计者Regis McKenna公关公司的艺术总监Rob Janov的采访。

问：苹果公司标志上那咬的一口代表什么？是来自计算机上byte的谐音吗？还是指亚当夏娃偷吃禁果咬的那一口？而苹果本身又代表什么，是指牛顿坐在苹果树下被苹果砸中而发现了万有引力？

答：呵呵，这些说法非常有趣，恐怕我当初设计它时的想法跟这些一点儿关系都没有。从一个设计师的角度来讲，设计一个东西不需要去考虑一定要代表什么，可能多年以后，你自己发现原来当初设计的东西里可能还包括了什么。而当标志变成了一个传奇，有人开始说这个标志包含了什么意思，而其他人也跟着说“对，的确是这样”。

在给我的个人网站设计标志的时候，当初只是想简单地找一个字母A来做标志（我的英文名AARON的第一字母A）。同时，考虑尽量不要和见到过的标志有太多的相似，于是，挑来挑去找了一个看起来没有被其他人用过的，并且有点不一样的小写字母a，添加一个正方形的框，于是标志就诞生了，如图6-13所示。

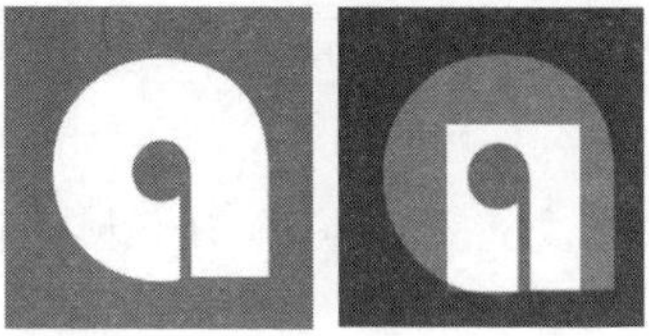

图 6-13　我个人网站标志（左）和标志中间像“小树芽”的部分（右）

在不断和这个标志的接触中，慢慢发现这个标志中间的部分像一个“小树芽”，感觉“小树芽”的含义很不错[1]。

现在是否感觉这个标志的“价值”突然提升了很多。本来是一个普普通通的字母 A，现在再看它的时候，他已经不是字母 A 了，而是有了更多内涵，承载更多价值和使命的标志，它会更长久地留在你的记忆中，时刻提醒着有你这么一个人或者机构在做这么一件事情。

这就是标志在品牌传播中的价值和意义。

（3）“缺口”的苹果到底是怎么来的

显然，当这个“缺口”引发无数的关注和讨论之后，它的真正由来已经不重要了，但是，此刻你也许对这个“缺口”充满好奇，我怎么忍心不满足你的好奇心呢？

为什么苹果公司不使用一个通常人们想到的完整漂亮的苹果，而是使用一个“被咬”了一口，残缺不全的苹果呢？这不仅给苹果公司标志“丰富含义”找到了载体，同时，引起了很多人对这个标志的无限好奇和讨论。这个关于苹果的缺口是怎么来的，网上也有各种讨论和猜测。

图 6-14 是某网友在论坛中发布的对苹果公司标志缺口的猜测，很风趣。还有各种其他的五花八门的猜测，或许其中有苹果品牌营销部门的行为。

---

① 多年来我一直致力于搜索引擎优化技术和关键词研究，试图帮助成长中的中小企业在网络营销中获得低成本精准流量，同时，通过对网站说服力的研究将流量更多地转化为订单。让中小企业以较低的成本快速启动网络营销，帮助中小企业就像“小树芽”一样茁壮成长。

图 6-14　搜索“缺口的苹果是怎么来的”

但是，个人认为关于苹果“缺口”的由来下面这个说法更靠谱，如图 6-15 所示。

图 6-15　苹果公司标志的由来

苹果公司的标志在设计和使用早期是完整的没有缺口的苹果，同时配以文字说明，随着“苹果”品牌的知名度不断提高，标志上搭配的文字说明已经多余了。即使把文字去掉依然也能识别出是苹果公司的标志。

在世界知名品牌的发展过程中，类似的现象其实很多。品牌知名度越高，标志就会变得越来越简洁，当然这需要一个过程，这个过程有时候是必须经历的。

要素知识点总结

标志是营销型网站的必备要素，因为标志给人的是一种品牌价值的暗示，有助于增强网站的说服力。

在网站策划和设计过程中，标志应该被放在正确的位置，通常这个位置是约定俗成，不要做无谓的创新，不合适的位置增加了用户学习和适应的成本。

标志是企业品牌识别的灵魂，是视觉形象传播的核心和基础。

标志会变得越来越简洁，标志的发展是从具象到抽象，从繁杂到简洁的过程，有时候简单就是力量。

有丰富含义的标志才有生命力和传播力，努力挖掘和赋予标志含义并传播出去。

6.2 宣传语——企业目标或网站定位

情景再现

“为什么有的网站让人一目了然，而有的却不是？”

比较一下

如图 6-16 所示，A、B、C 三种网页的头部设计，哪个更便于了解公司服务呢？

A

图 6-16　三个网页的头部设计

B

C

图 6-16　三个网页的头部设计（续）

要素说明

比让用户知道“你是谁”更重要的是让用户知道“你能为他提供什么服务，是否能解决他遇到的问题”。

在**显要的位置放上宣传语**告诉用户网站的定位或公司的目标，有助于访客快速了解公司能够提供的服务。

案例分析

在一般情况下，放置宣传语的理想位置是网站左上角紧跟标志的位置，就像图 6-17 至图 6-20 所示。

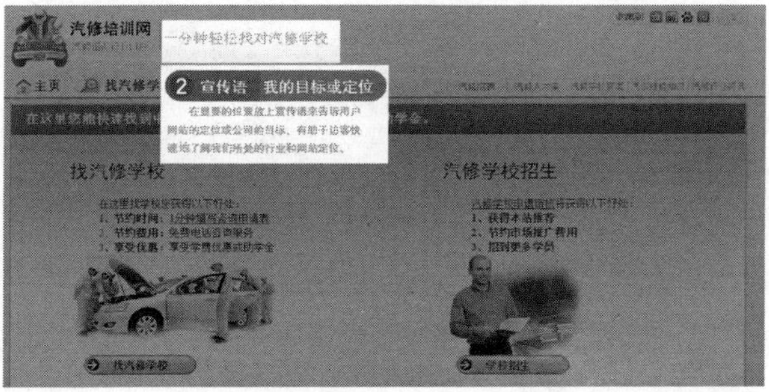

图 6-17　案例 1：汽修培训网的宣传语“一分钟轻松找对汽修学校”

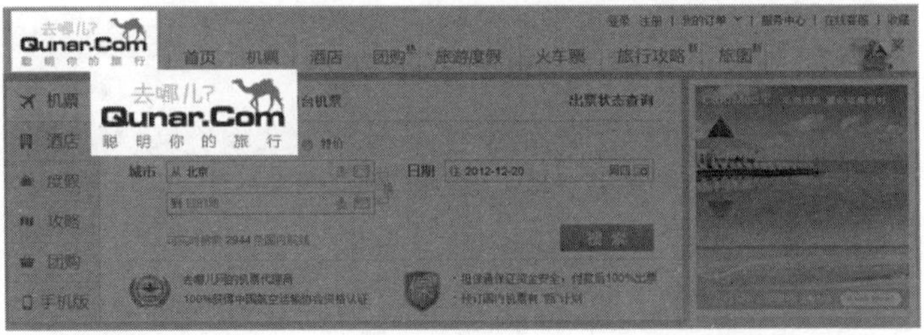

图 6-18　案例 2：去哪儿网的宣传语“聪明你的旅行”

图 6-19　案例 3：126 网易邮箱的宣传语“你的专业电子邮局”

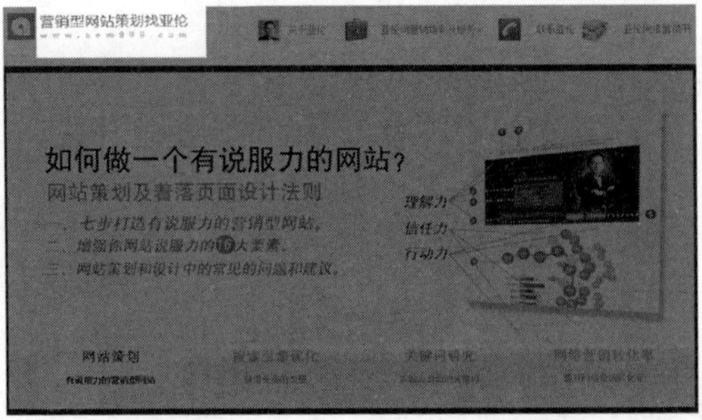

图 6-20　案例 4：亚伦“营销型网站策划找亚伦”

宣传语对于网站来说很重要，尤其是当标志本身不能直接告诉用户“你提供什么服务”的时候。

如何写好宣传语呢？本节的“特别分享”讨论这个话题。

特别分享

如何写好网站宣传语

网站宣传语简单地说就是用一句话来宣传网站。网站宣传语的最基本的作用是让来访者知道在这个网站上可以获得什么，值不值得继续花时间在此网站上。所以网站宣传语最起码要回答：“这个网站是干什么的。”如图 6-21 所示的案例。

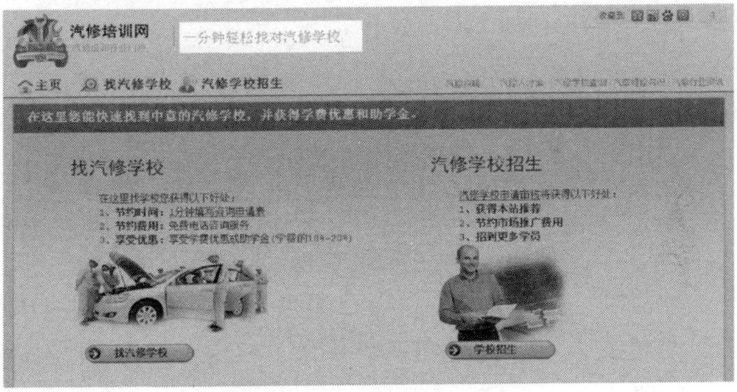

图 6-21　网站宣传语

网站宣传语一般被放置在网站顶部左侧紧跟标志的地方，来到网站上的用户能很快看到这句话，这样如果是好的宣传语，那么就能迅速抓住用户的注意力。“一分钟找对汽修学校”访客看到这句话会明白这个是汽修学校的网站。

在一般情况下，那些正在找汽修学校的人会对这个网站产生兴趣，并往下阅读，这是网站宣传语的基本作用。

如果提出更高的要求，那网站宣传语不仅要清楚表达“这个网站是干什么的”，同时应该能告诉用户“为什么要继续认真浏览”或者“和这家网站合作有什么好处”，就像图 6-22 所示的案例这样。

“一分钟轻松找对汽修学校，并且节约学费 10%～20%”的网站宣传语，不仅说明来到这个网站能找到满意的汽修学校，还能节约学费。

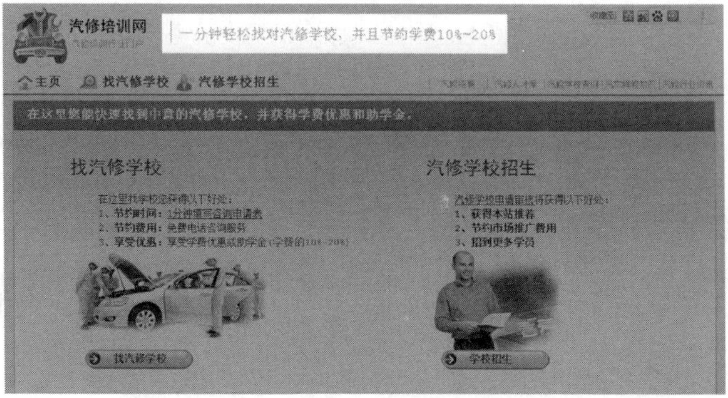

图 6-22　用宣传语表达这个网站的作用

另一些时候，网站宣传语也可以是企业的品牌宣传语。有时，企业会要求网站宣传语与线下保持一致。

好的宣传语对于品牌建设来说，可达到事半功倍的效果。**清晰易懂，言简意赅，朗朗上口**是宣传语的基本要求，但这些还不够，以下几点分享希望能带来启发。

1）首先要做好定位

做好定位有助于形成品牌影响力：寻找一个有利的市场，让自己有机会成为这个市场中的主导者，并学会用一句话来描述自己。**简单清晰是基本原则**。一旦定位好了，要以稳定清晰的形象出现在目标用户心中，并不断重复加深印象。原生态歌手阿宝唱红星光大道后，始终以“羊倌”的形象出现在不同舞台，就是为了保持在观众心中清晰稳定的印象。当成功占据用户的心，就真正地形成了品牌。

2）衡量品牌成功的方法之一：看品牌词和行业词能否画等号。

做品牌营销的本质就是努力用品牌词替代用户心中的品类词或某种行为词。

理解这一方法，有助于高效率地塑造品牌并设计品牌宣传语。细细体会那些洞悉品牌营销本质的企业是怎么做的。

（1）百度一下，你就知道

百度试图用“百度”品牌词替代用户心中的“搜索”行为词，如图6-23所示。

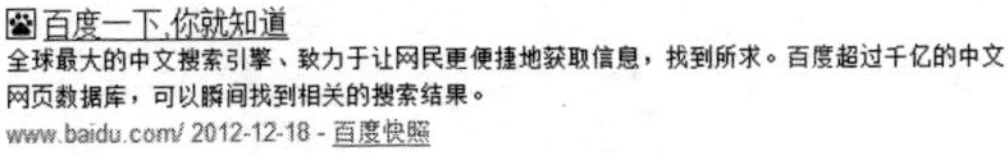

图6-23　百度的首页标题

（2）阿芙就是精油

阿芙官方网站直接在“阿芙”和精油之间画等号，简洁明了，直插要害，如图6-24所示。

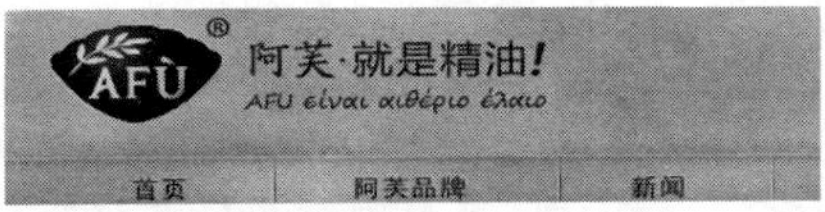

图6-24　阿芙官方网站

（3）留学就找金吉利

金吉利试图替代用户心中“留学”这个品类词。

3）通过细分来实现品牌词和品类词等价

针对企业所处行业的位置，寻找适合自己的，最容易画等号的品类词。评估在预期时间内，通过品牌运作是否可以实现这个品类词与品牌词之间“画等号”。

对于短时间难以取得绝对领导地位的行业，可以通过细分，找被对手忽视的空白，规避强势竞争，在行业中占领一席之地。

在品牌建立初期，这种**先以一个细分市场切入**，站稳脚跟，再考虑品牌的**延伸**，覆盖更大的行业的做法并不少见。

4）通过创新，开创新品类并迅速将品类名开发为品牌名

在企业定位的过程中除了细分，还可以通过创新获得定位。

一个朋友是做自酿啤酒设备的，他研发了一款家用酿酒的机器。因为自酿啤酒设备当时也算是一个新鲜的玩意，市场上还没有明确的领先品牌，此时，用户的心智尚未被任何一家企业占领。对这类设备的称呼是比较原始的解释性称呼——自酿啤酒设备。

于是，他抢先提出新概念叫“啤酒宝”来代替这个原始称呼，并抢先注册商标申请专利保护。成功在自己的品牌词和品类词之间划了一个等号。

其实，那些开创新的品类并将其作为品牌词的公司很多。曾几何时，我们只知道“困了，累了，喝红牛”并不知道“红牛”饮料到底是什么类型饮料，也不知道有没有其他的跟“红牛”饮料一样的饮料。我们只会喊“我要喝雪碧”，不会喊“我要喝某某品牌的雪碧”。

当用户在心中把你的品牌词当成“品类”，你的产品就成了他的唯一选择。当用户要满足需求时，选择是唯一的，营销就轻松很多。

5）努力第一个写出某种宣传语或口号

所谓“先入为主”，努力做第一个写出将品牌词和行业词画等号的人，并充分利用这句口号，在公司不同的宣传媒体和宣传场合使用它，抢先占据用户心中位置。

记得某纯净水曾经用“27层过滤”让用户对其纯净程度赞叹不已，成功占领用户心中纯净水的地位。虽然“27层过滤”是行业的最低标准，但是由于在此之前，其他同行并没有将这个行业标准公之于众。作为第一个向公众传递这个信息的企业，很自然地被认为是这个方面做得最好的企业。

6）简单的网站宣传语中应该包含至少暗含“品类词”和“品牌词”

写下你的品牌词，写下适合你的品类词，想象怎样将它们漂亮地连

接起来。

如："*+品牌（或暗含）+*+ 品类+*"。很多时候正式完成的网站宣传语中没有出现品牌词，这是因为品牌词已经包含在标志中，作为紧跟网站标志出现的宣传语，再次出现会显得多余。

"阿芙就是精油"在品牌词"阿芙"和品类词"精油"之间使用了"就是"来连接。类似的"留学就找金吉列"用"就找"连接"留学"和"金吉列"，这些连接简单、直接。

不过，宣传语中没有表达企业的在相关领域的优势，也没有给出"为什么要选择我"的理由。在网站上直接给出这样的口号，需要一定的"自信"。通常可能意味着该企业在相关领域已经取得了一定的成就和地位。

要素知识点总结

网站宣传语是说服力营销型网站的非常重要的要素，同时也是不可缺少的要素。

网站宣传语就是用一句话告诉用户"我是干什么的"，最好能做到"为什么选择我"。

网站宣传语的本质是企业品牌定位。定位做好了，优秀宣传语就很容易写出来。

细分和创新是两种发现空白，并获得企业优势生存空间的好方法。

通过下面的提示可以获得宣传语写作的灵感。

- 品牌营销努力的方向是用品牌词替代用户心中的行业词（品类词）或某种行为词。
- 努力做第一个写出某种宣传语或口号的人。
- 通过细分来实现品牌词和行业词等价。
- 通过创新开创新品类，并迅速将"品类名"开发为品牌名。
- 简单、直接的网站宣传语中应该包含至少暗含"品类词"和"品牌词"。

6.3 标题——我提供什么服务或产品

情景再现

“任务流测试[①]，你的网站能通过吗？”

请花 5 秒钟观察图 6-25 中的网站，然后告诉大家这个网站提供什么服务？

图 6-25 “石家庄金能电力设备有限公司”网站

如果错过了使用**网站宣传语**告诉用户“这个网站是干什么的”，那么就不能再错过用**网站标题**来告诉用户这一点，如果两次机会都错过了，那就真不知道**网站是干什么的**了。

要素说明

想象一下我们看报纸的情形。在决定阅读某一篇文章之前，我们是在扫描，而不是在阅读。

---

① 任务流测试是网站策划和设计过程中用来测试网站策划和设计是否达到预期效果的常用方法。任务流测试可以在网站建设的不同阶段开展。主要方法是找代表性用户，在网站上（也可以是设计稿）完成指定的任务，通过观察测试对象完成任务的过程，发现潜在问题。

同样，用户在访问网站的时候，首先也是在扫描，所以尽可能早些让用户知道我们能为他提供什么服务或产品。如果不能做到这一点，那么只要他单击一下鼠标就会离开。

案例分析

可以像这样写标题，如图 6-26 所示。

图 6-26　撰写标题

在这个案例中，两个标题分别是“Find Voice-Over Talents”和“Find Voice-Over Jobs”，这两个标题能够进一步说明具体业务，帮助用户快速理解可以获得什么服务，并找到为自己准备的内容。

正如很多网站所做的那样，也可以使用滚动的 banner 来展示多个需要展现的标题，如图 6-27 至图 6-29 所示，但是，请注意控制 banner 的数量，太多的数量会导致部分内容被用户忽略，因为并不是所有的用户都有耐心看 banner。建议如果不需要用多屏滚动，则尽量不用。

图 6-27　支付宝首页 banner 标题“生活支付，轻松便捷，在家也能缴费还款”

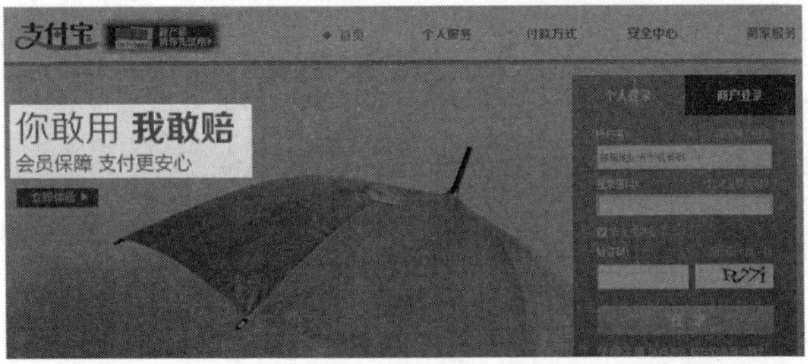

图 6-28　支付宝首页 banner 标题“你敢用，我敢赔，会员保障，支付更安心”

图 6-29　社交网站创建平台 NING 的标题是“创建卓越社区的关键”

如同网站宣传语，标题最基本的作用是告诉用户你能为他提供的服务，如果要对标题提出更高的要求，则可以直接将服务的优势体现出来，让用户对网站产生更大的兴趣。

在本节的特别分享中，将教大家如何写一个好标题。

特别分享

如何写好网页标题

1）没有好标题就没有好网页

如前所述，用户浏览时，先是在扫描，并试图通过扫描快速判断页面是否存在对其有价值的信息。在扫描过程中，标题无疑是最容易捕获用户注意力的要素之一。所以，对网页来说，标题很重要，需要花一些时间细细琢磨。

正如报纸中最容易被人忽视的那篇文章一样，一个不能吸引用户的标题是整个网页被忽视的开始。

2）在标题中出现“用户期望的关键词”

用户在扫描的时候，眼睛始终会盯着他“期望的关键词”。如果用户是通过搜索进入网站的，那么这个关键词就是他刚刚在搜索引擎中提交的关键词。如果扫描中没有发现这个“期望的关键词”，那么他很可能会离开网站。

也许你认为，使用一个和用户搜索的关键词意思一样，但“外观”不一样的同义词，应该也没有问题。但是非常遗憾的是，很多时候，人的眼睛只能看到自己想看到的。

所以在写标题的时候，尽可能出现用户期望出现的关键词。这是标题写作的最基本的要求。

如图6-30所示，在“汽修培训网”这个案例中，标题“找汽修学校”做到了这一点。那些正在找汽修学校的用户来到这个网站会非常清晰地看到“在这里可以找汽修学校”，于是，更愿意花时间来了解更多的内容。

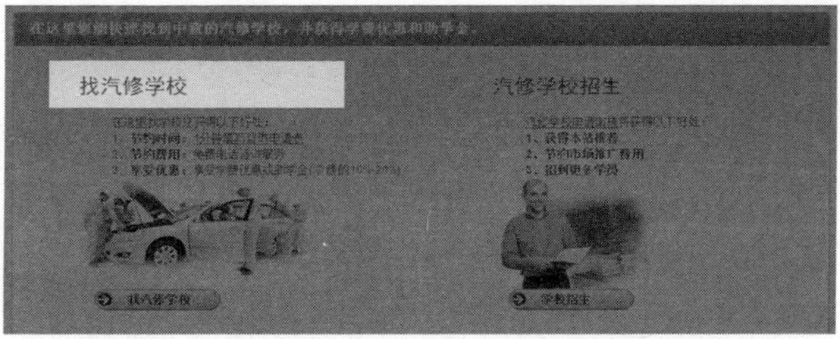

图6-30　以“找汽修学校”为标题的汽修培训网

3）让标题告诉用户继续阅读详细内容会得到好处

如果能轻松做到第一点，那么再试试是否可以让标题变得更有吸引力：让标题告诉用户继续阅读详细内容会得到好处。

好处越多，用户愿意花在这个网页上的时间就越长，这样便更容易读到要传达给用户的信息。在网站的策划和设计中，让用户对网页有更多的耐心很重要。

在生活中也是这样，你的价值往往决定了别人对你的耐心，那些对你越有耐心的人越容易懂你，也越容易成为你的朋友。

4）使用副标题让表达更清晰

如图 6-31 所示，这个页面的标题设计采用了标题和副标题的表达方式。

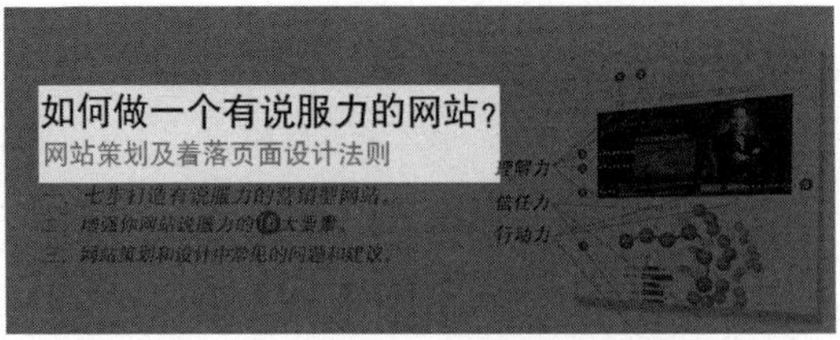

图 6-31　使用了副标题的网页

标题：“如何做一个有说服力的网站？”副标题：“网站策划及着落页面的设计法则”。

这个案例中，主标题通过设问吸引用户关注，副标题进一步阐述这个页面的具体内容，并将讨论的范围限定在网站策划和着落页面设计方面。

5）不要用企业口号当标题

在营销型网站策划中，要时刻提醒自己的是网站目标（通常是要实现订单或获得销售线索）。要时刻反问自己这句话或者这张图对实现订单或获得销售线索有没有帮助。这个帮助大还是小，删掉这个会不会影响说服用户下订单，有没有效率更高的文字或图片可以替代。

一种最为常见的不合理的做法是用笼统的企业口号或企业宣传语来作为网站标题。下面就是一个典型的案例，如图6-32所示。

图6-32 用不合理的宣传语作为网站标题

案例使用了“诚信重诺，求实创新”作为网站标题，这对说服来访用户下订单几乎没有任何价值。

6）不要用企业老板的座右铭作为标题

和上面讲的案例类似的做法是，用老板的座右铭作为网站标题。座右铭也许应该像它的称呼一样被刻在桌子上，或者挂在老板的办公室。

有一个客户请我帮忙看网站，打开网站第一眼看到的是一行大字，上面写道“天道酬勤”。记得这句话好像在他的办公室，还有很多老板的办公室都见过，真不知道这句话跟他们网站上销售的产品有什么关系。

我相信你公司的网站不是这样的，如果是的话，那应该是某个固执的人在坚持，把这本书拿给他看，让我们一起来说服他。

要素知识点总结

标题有机会再次告诉用户我们是干什么的，而且可以比网站宣传语的描述更加清晰和明确。

没有好标题就没有好网页，在标题中丧失吸引用户并让用户理解的机会通常意味着说服力的重大损失。

下面的提示有助于写出优秀的标题。

- 在标题中出现“用户期望的关键词”，更容易抓住用户的注意力。
- 让标题告诉用户继续阅读内容会得到好处，有的时候标题就是用一句话总结卖点。
- 使用副标题让表达更清晰。
- 不要用企业口号作为标题。
- 不要用企业老板的座右铭作为标题。

6.4 优势——选择我们的理由

情景再现

“嫁给我吧，美丽的姑娘！”  “先给个理由！”

比较一下

如图 6-33 所示，新浪和雅虎分别给了用户什么理由去使用他们的邮箱？

图 6-33 对比新浪和雅虎的邮箱

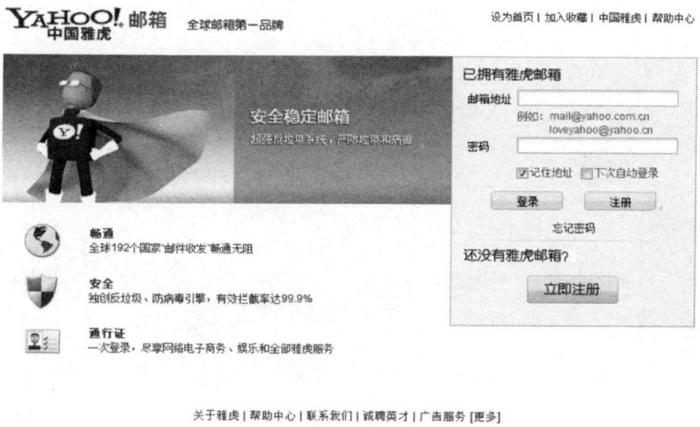

图 6-33　对比新浪和雅虎的邮箱（续）

要素说明

优势——告诉用户选择你而不是别人的理由。

在互联网中，用户很容易找到你的同行和竞争对手。怎样让用户选择你，而不选择竞争对手呢？应该给用户适当的理由，这些理由就是你的优势或独特的卖点。

尽可能用通俗易懂的语言快速让用户了解你的优势，可以这样来完成。

首先将产品或服务的所有区别于竞争对手的优势整理出来，再按影响用户决策的重要程度排序。从中挑选出三条左右，在显要的位置展示出来。如果优势有很多，则可以将其融入营销型网站的其他要素中。

案例分析

放置优势的好位置是紧跟在标题和副标题的后面，如图 6-34 所示。

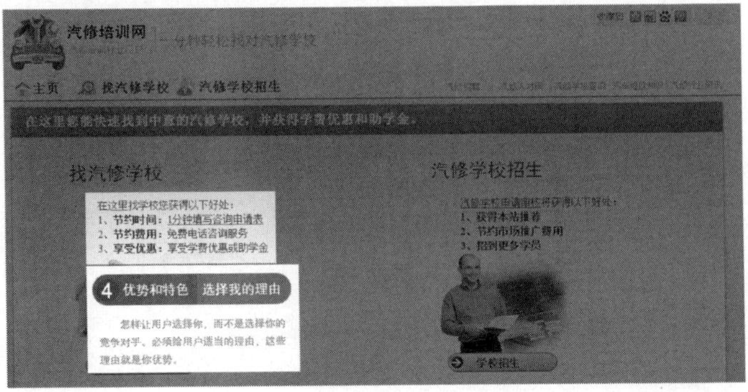

图 6-34 汽修培训网的优势展示：为什么要在汽修培训网上找学校

案例中的优势是采取编码列表的方式展示。

- 节约时间：1 分钟填写咨询申请表。
- 节约费用：免费电话咨询服务。
- 享受优惠：享受学费优惠或助学金。

带编码的列表能让用户更快地理解你要表达的，就像很多时候表格比文字有更高的表达效率一样。可以想象一下，打扫卫生的值日表，如果不用表格，用一段文字来描述将会怎样。

如图 6-35 所示，有道云笔记的三大优势是“轻松同步、三备份、免费空间无限量增长。”，案例中要是能**用编号或项目符号，可读性会更好**，如图 6-36 所示。

图 6-35 有道云笔记的三大优势

图 6-36　加上编号的三大优势

每一条优势之前的编号能让用户更清晰地理解使用有道云笔记的三条好处，列表提升了用户理解和记忆的效率，更容易给用户留下深刻印象。

特别分享

如何写好优势

1）什么是优势

简单地说，优势就是产品和服务区别于竞争对手独特的或者明显优于对手的地方。优势是潜在客户选择你而不是选择竞争对手的主要原因。

2）优势都写什么内容

那些你和你的对手都能做出的承诺和给予的好处不是优势。例如“7天无理由退换货”，“提供整体解决方案”，如果同行都能够做到并已经公开声明，那么就不适合将其作为优势，作为产品和服务的一般性描述即可。

这里强调“已经公开声明”，意思是如果某项同行能做到的，但尚未做任何公开声明的，不为人知的“卖点”也有可能成为“优势”。

前面提到的“27层过滤”，实际上国家卫生部门规定每种纯净水都要有 27 层净化，而第一个提出这个加工程序的企业，让用户认为该企业是唯一的经过 27 层过滤的。

所以可以作为优势的内容是“你能提供对手做不到的价值”或者至少用户感觉是这样的。

3）优势写作的步骤

第一步：将你能为用户提供的独特价值罗列出来。

如果你是某个产品或服务的设计者，在多数情况下，当你有了开发这个产品或服务的想法时，你就发现了一个市场机会；**一个未被满足的需求；或者一个对手没有完善的缺陷被你改进了**。此时，对你来说，将这些独特的价值罗列出来并不是一件很难的事情。

如果这个产品和服务的诞生跟你没关系，你不知道这个产品或服务为什么存在，到底具有什么独特的价值，那只能向其他人（可能是委托你策划网站的客户或公司高层）咨询。

俗话说：“没有特色不开店。”如是定位出了问题，可能需要重新设计商业模式。关于商业模式的问题，已超出了本书的讨论范围。但是，有必要提醒的是网络营销的本质是营销，关于营销的很多问题也许在看这本书之前，你应该提前找到答案。

第二步：对影响用户决策概率的大小排序。

在网站中，为了尽可能获得更多的订单，总会考虑一个概率问题。

展示优势的时候，优先将能说服更多用户的优势放在前面。这需要通过一些市场调研了解，比如，用户访谈、调查问卷、网站分析等。**当然，最终的排序问题通常会通过测试来不断优化**。

第三步：通过测试来确定优势的排序。

下面的例子演示了优化过程。

如图 6-37 和图 6-38 所示 Voices.com 的优势排序如下。

- Connect with professional voice talent – *without* expensive agency fees.

- Post your job ***free*** and see great results.
- Get proposals in less than an hour.

而某个测试周期的优势排序如下。

- Post your job ***free*** and see great results.
- Connect with professional voice talent – *without* expensive agency fees.
- Get proposals in less than an hour.

第一条和第二条的顺序被调换后进行测试，最终根据测试后的数据确定更优的顺序。

图 6-37 Voices.com 首页的优势排序

图 6-38 某个测试周期 Voices.com 首页的优势排序

认真写“优势”的过程是对产品和服务的卖点梳理，这个过程中能收获的不仅是做出一个优秀的网站，而且还可以为其他的营销活动准备素材，所以值得花足够的时间来完成这项工作。

要素知识点总结

优势——决定是你而不是别人的优势。

尽可能用通俗易懂的语言快速地让用户了解你的优势，是赢得用户的重要工作。

说明优势比较好的位置是紧跟在标题和副标题的后面。

可以作为优势来写的内容，一定是你能给用户提供而对手做不到的，或者至少给用户的感觉是这样的。

优势写作的步骤如下。

第一步：将你能为用户提供的独特价值罗列出来。

第二步：对影响用户决策的概率按概率值的大小排序。

第三步：通过测试来优化优势的排列顺序。

小试牛刀

根据前面学到的内容，你能帮图 6-39、图 6-40 两个案例提一些修改意见，让他们变得更具说服力吗？

图 6-39　tom 邮箱

图 6-40　QQ 邮箱

6.5　行动号召——现在就选择我们吧

情景再现

“先生，给你漂亮的女朋友买一朵玫瑰花吧!”

比较一下

如图 6-41 所示，如果两张图作为广告图片进行测试，那么哪张图可能获得较高的点击率呢？

图 6-41　比较哪张图点击率更高

要素说明

当明确地告诉用户“我是谁，提供什么服务，有什么优势”后，部分意向较强的用户会产生兴趣，并有可能会立即采取行动。此时，应及时号召，促成用户采取我们期望的行动，实现网站目标。

案例分析

如图 6-42 所示为汽修培训网的首次行动号召。

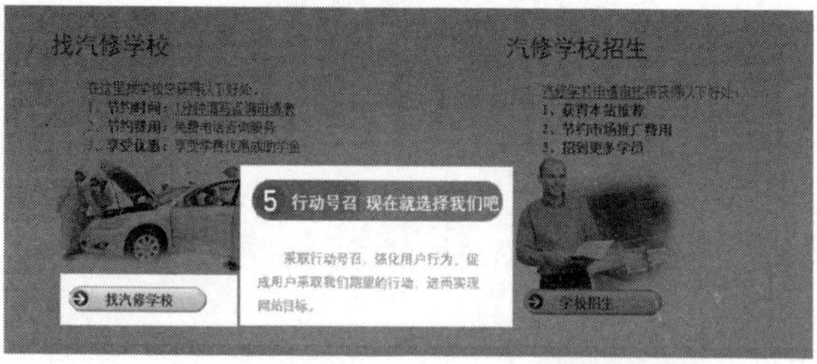

图 6-42　汽修培训网的行动号召“找汽修学校”按钮

案例中的行动号召是“

”。行动号召对于**提升网站转化率**非常重要。

回顾一下前面提到的公园里卖花的小女孩，她的两种行为的不同成交量。

行为 1：站在路口静静等行人问询。

行为 2：当有行人经过时，主动递上玫瑰并请求“先生，给你漂亮的女友买朵玫瑰花吧！”。

显然，在多数情况下，第二种更加主动的方式可以卖出更多的花。网站如果没有行动号召，那就像卖花的小女孩站在路口“守株待兔”，等待顾客主动询问一样。

就目前来看，大部分企业的网站缺少有力的“行动号召”。下面的网站是一个典型的案例，如图 6-43 所示。

图 6-43　缺少有力的“行动号召”的网站

这家公司的主营业务是仓库运营管理设备，如电动叉车、电动堆高车等。

目前，网站已经具备前面介绍的四个要素：标志、宣传语、标题和优势（标题和优势两个元素被融合在了一起），但是，缺少“行动号召”。缺少“行动号召”的说服不是一个完整而有效的说服过程，会让整个网站的说服力大打折扣。

正确的做法如图 6-44 所示。

图 6-44　有道云笔记的行动号召“立即免费下载”按钮

特别分享

如何设计行动号召

行动号召通常是要号召用户执行某项行动。例如，打开一个新的页面，与在线客服聊天，填写表单，下载一个免费的资料，或者拨打指定的电话等。

若要实现这一目标，需要做好两件事情，首先要吸引用户看到号召，其次要给用户行动的动力。

1）使行动号召被突出和强调

可以通过以下技巧来强调行动号召。

（1）使用颜色强调：通过使用与背景不同的颜色

如果行动号召是一个按钮，则选择一个和它周围颜色对比度较大的颜色作为按钮的颜色。如果行动号召不是按钮而是文本，则用这个对比色作为文本颜色，如图 6-45 所示。

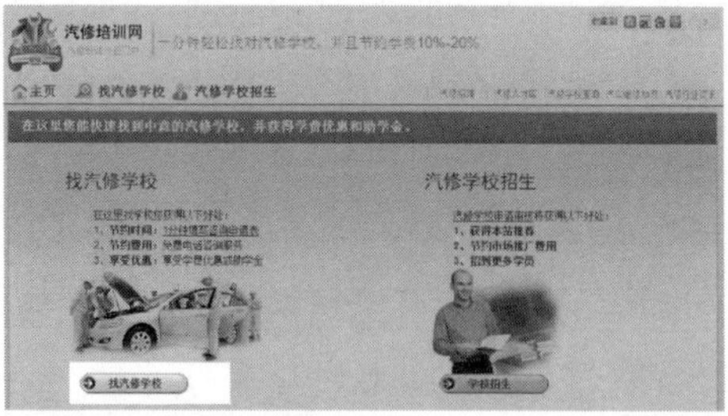

图 6-45　使用和背景颜色反差较大的颜色作为行动号召的颜色

（2）使用空间来强调

在行动号召的周围保留足够的空间，让它成为局部唯一吸引用户的元素。

少即是多，要想突出某个元素，最好的办法是让其他的元素从周围消失，制造一个“安静的环境”让人们只能听到它的声音，如图 6-46 所示。

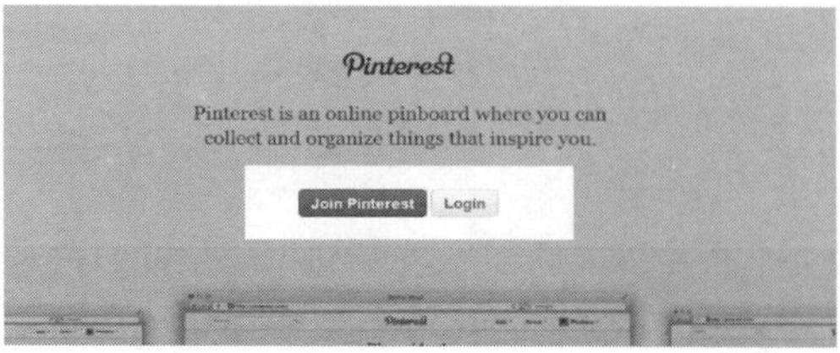

图 6-46　Pinterest 在行动号召周围保留了较大的空白

（3）使用大小来强调：让行动号召在视觉上占更大空间以引人注目，多数行动号召“个头”一般都不小。它们常常要比周围元素的文字大且明显，如图6-47所示。

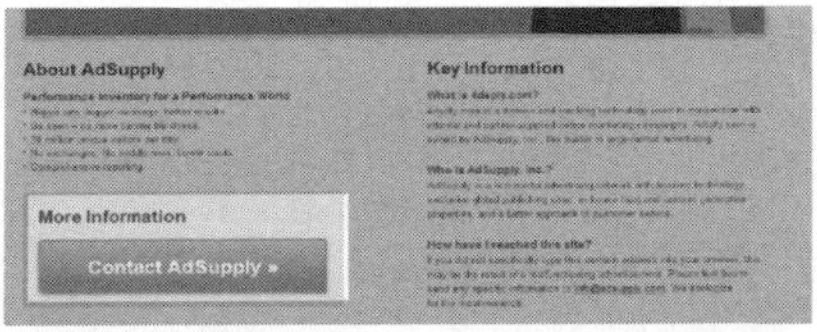

图6-47　在这个案例中行动号召按钮被设计得很大

（4）使用位置来强调：放在说服逻辑和视觉流程的正确位置

一个最简单的说服逻辑是：我是谁（标志），我可以为你做什么（宣传和标题），为什么要选择我（优势），请和我联系（行动号召）。行动号召就是这个简单说服逻辑的最后一步。所以“行动号召”通常应该放在“优势”之后，让它成为用户看完“优势之后”唯一吸引人的内容。

2）给行动加点动力——让用户清楚响应号召的好处

行动需要动力，人们希望花费时间和精力是有价值的。为了让更多的人采取行动，需要给响应行动的用户一点“好处”。比如，赠送优惠券，获得优惠名额，赠送免费电子书等。

如图6-48所示，例子中行动的“好处”在标题部分已经阐述。在行动号召的按钮上写到“No Risk，NO Credit Card Required”、“free”。同时，对于已经准备购买的用户提供了一个“次行动号召”：Ready to buy？Click Here，满足不同群体的需求。

图6-48　有力的行动号召

3）关于再次号召——适时提醒用户采取行动

首次行动号召紧跟优势之后，方便有较强的意向或习惯快速决策的客户采取行动。

在后续的说服过程中，同样需要及时对用户进行号召，鼓励用户行动。给意向不断加强的用户提供便捷的行动入口。

下面的案例中出现了两次“再次号召”，如图 6-49 所示。

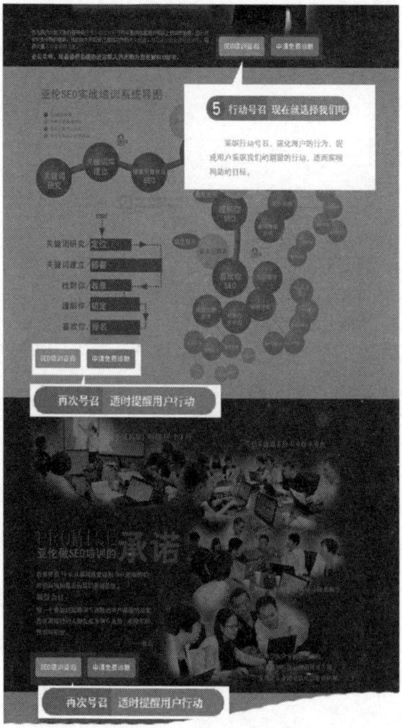

图 6-49 “再次号召”行动

4）“再次号召”PK“网页中央弹出的邀请框”

为了收集更多的销售线索，很多网站都提供在线即时通信工具：当用户点击咨询工具提供的按钮后，会弹出一个窗口，在这个窗口，用户可以与在线客服沟通。当用户成功与在线客服取得沟通时，称为完成一次咨询转化。

很多企业网站想提高咨询转化率，经常在用户访问页面的时候突然弹出邀请框，遮挡用户正在看的内容，如图 6-50 所示。

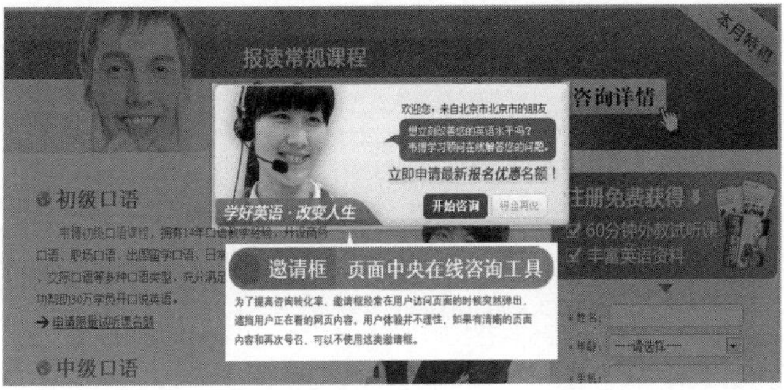

图 6-50　韦博英语着陆页上的邀请框

这种邀请框让用户体验并不好，如果有清晰的说服逻辑并合理部署再次号召，则可以不使用这类邀请框。

要素知识点总结

在营销型网站的说服流程中，适时出现行动号召有助于提升网站的转化率，首次号召一般被安排在优势之后。

下面的提示有助于设计出优秀的行动号召。

1. 使行动号召被突出和强调

可以通过以下设计技巧来强调行动号召。

（1）使用颜色：通过使用不同的颜色。

（2）使用空间：在号召的周围保留足够的空间，让它成为局部唯一有吸引力的元素。

（3）使用大小：让行动号召在视觉上占更大的空间，以引人注目。

（4）使用位置：放在说服逻辑和视觉流程的正确位置上。

2. 给行动加点动力——让用户清楚响应号召的好处

3. 适当重复你的号召——适时提醒用户采取行动

4. 避免使用网页中央弹出的邀请框

6.6 成功案例——这些知名人士、企业选择了我们

情景再现

“嫁给我吧，我非常优秀，有爱心，有……”

“我凭什么相信你？”

“我发誓！我不会欺骗你。我们拉钩!”

“……”

说服的艺术就是讲成功故事的艺术。

要素说明

事实胜于雄辩，**成功案例胜过长篇大论**。准备几个简短的关于你和客户的故事，可大大加强营销型网站的说服力。

案例分析

如图6-51所示的案例来自Voices.com，案例中，网站展示了他们服

务过的知名客户标志。当用户看到 NBC、ABC、DISCOVERY、Micro Soft 这些非常熟悉的著名公司的标志时，对网站产生了更多的信任感。

这些知名公司类似于明星效应，大大提升了网站说服力。

图 6-51　Voices .com 的成功案例展示

如果准备用文字来描述你的成功案例，那么请注意在书写成功案例时，**应该简洁有力，强调案例中的价值**。同时，注意尽量选择不同类型的成功案例，这样更容易与访客意境相关，从而产生共鸣。

“什么也不用说了，这已经可以了！”——**你的成功案例是否能秒杀访客**。

如果成功案例有足够的说服力，则能够打动多数访客。应该更多地突出这些案例，因为成功案例是说服力的核心。当然，这需要实力和长期的积累。

洛可可公司的成功案例足以说服那些想找有实力的高端工业设计公司的潜在客户，如图 6-52 所示。

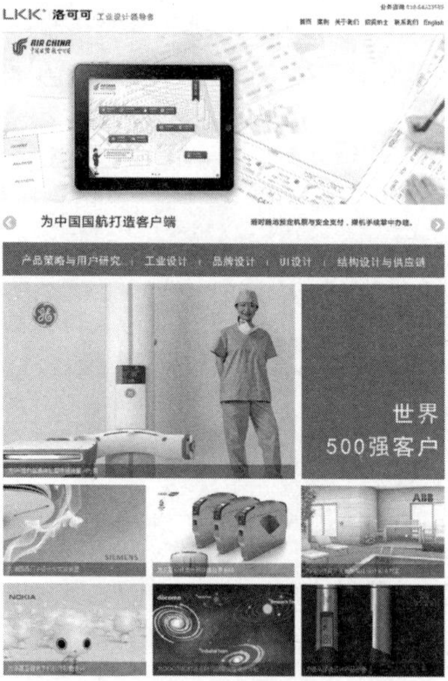

图 6-52　洛可可公司的成功案例

洛可可公司官方网站的首页展示了他们的获奖案例及为世界 500 强服务的案例。

特别分享

如何尽快获得有说服力的成功案例

人们常说“拿事实说话”，“事实胜于雄辩”；找工作时，企业最关心的是工作经验和项目案例，可见，在说服过程中成功案例的重要性。

那么如何获得成功案例呢？

1）什么样的案例具有说服力

真正有价值和有说服力的成功案例是客观、真实的。

确保成功案例的真实性，不能弄虚作假，或过度夸张，更不能编造。牵强的成功案例效果会大打折扣，甚至会丧失企业公信力。

确保成功案例具有代表性。认真筛选客户，从中找出那些和说服对象有类似背景和相似问题的客户案例。确保那些作为案例的客户足够优秀，足以对说服对象起到示范和榜样作用。

2）“投资”你的成功案例

如果暂时还没有可用的有说服力的成功案例，则建议选择合适的对象，投入更多的时间和精力。对于非常值得培养的对象，如果对方还不是你的客户，则可以通过努力获得免费为他们服务的机会。请不要怀疑，这样做是值得的。

下面从两个方面来说明这样做的必要性。

首先，客户需要的最终效果通常不是完全由你的产品和服务决定的。

很多时候，客户能否取得足以用来说服别人的成功，不是单一由你提供的产品和服务决定的。可能需要你提供超出产品范围的服务，才能真正取得成功。

例如，你是一家提供网站策划的服务公司。你提供的服务内容仅仅是网站策划，不包括网站的优化和推广，也不包括在线客服的培训和网站分析。

客户获得的是一个好的网站，但是，由于其他环节没有做好，你策划的网站没有发挥应有的作用，客户订单的数量并没有明显提升。

很多客户不清楚其他因素对结果的影响。他们直观的感受是网站策划并没有帮助他们获得提升。当然，你可以给客户分析原因得到认可。对于多数客户来说，实实在在的结果更有说服力，那些真正取得成功的客户的案例才是成功案例。

3）“树典型”是被普遍使用的营销策略

想找到有足够说服力的案例，可能需要找到合适的对象，为他们提供更多帮助，这个过程叫“树典型”。

无论是在商业上还是在政治上，有很多“树典型”的例子。

淘宝通过设立专项资金扶持入驻卖家，造就很多成功的“淘品牌”吸引更多的商家入驻淘宝和天猫。

同时，通过“双 11”这个每年固定时间点的营销活动，不断创造很多震惊世界的销售奇迹，来加深商家的认识。

淘宝的很多扶持计划本身并不是为了盈利，甚至会有很多资金、人力和大量其他资源的投入，但是，这一切都是值得的，因为这是一种“营销投资”行为。

要素知识点总结

说服的艺术就是讲成功故事的艺术，成功案例胜过长篇大论。

真正有价值和有说服力的成功案例是典型的、客观真实的。

如果现在还没有合适的成功案例，那就为“成功案例”投入时间、精力和金钱，成功案例值得投资。

通过“树典型”来打造有说服力的、真实的具有代表性的案例。

6.7 客户评价——让客户为你证言

情景再现

“感谢上帝赐给我一个好评，阿门。”

比较一下

如图 6-53 所示，A 和 B 分别是对两种不同手机外壳用户的评价，你会选购哪一个？

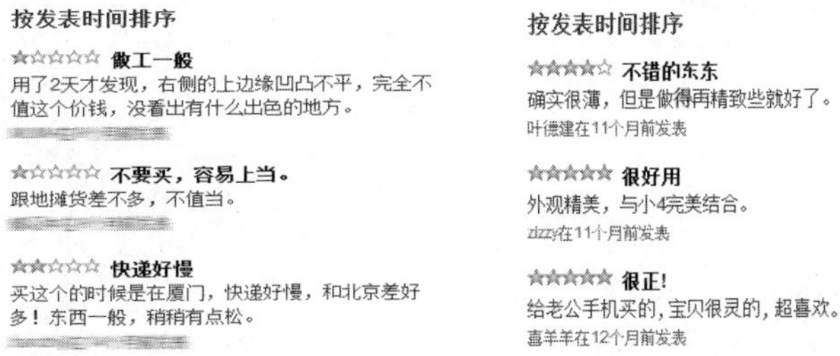

A　　B

图 6-53　两种不同手机外壳的用户评价

要素说明

客户评价对很多网站来说是必不可少的说服力要素，在电子商务类网站尤为多见。有研究表明，电子商务网站中超过70%的人会关注评价。在电子商务平台，用户评价已经成为影响产品销量的一个重要因素。

在企业网站或着陆页上放客户评价也可以大大增加网站说服力。

案例分析

如图6-54所示的Voices.com上纽约时报对其的评价："我们选择了www.voices.com。在不到一分钟时间内，创建了一个账号，并发布要求和招标书。在五分钟内，我们收到10～15个应征者。"

客户评价可以和网站所要传递的优势相互印证，以增强对网站的信任力。

案例中，纽约时报评价所阐述的内容，正是该网站在前面的优势中提到的免费发布任务和一小时内获得反馈的印证。真实的客户评价可以让网站不至于给人一种"王婆卖瓜，自卖自夸"的印象。

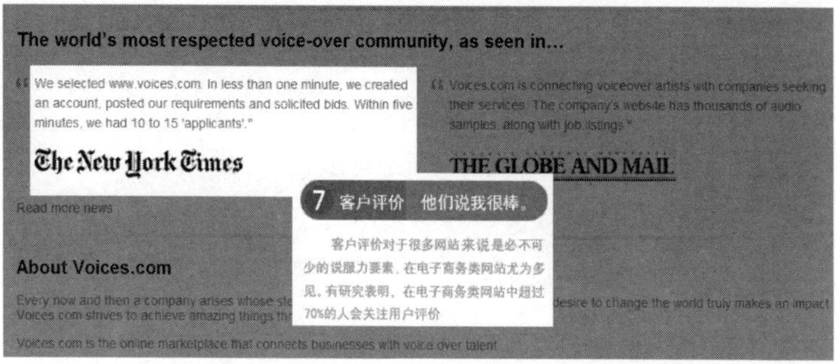

图 6-54　Voices.com 上纽约时报对其的评价

客户评价尽量图文并茂

图 6-55 所示案例的客户评价中有评价者的照片、留言和签名，这样更可信。

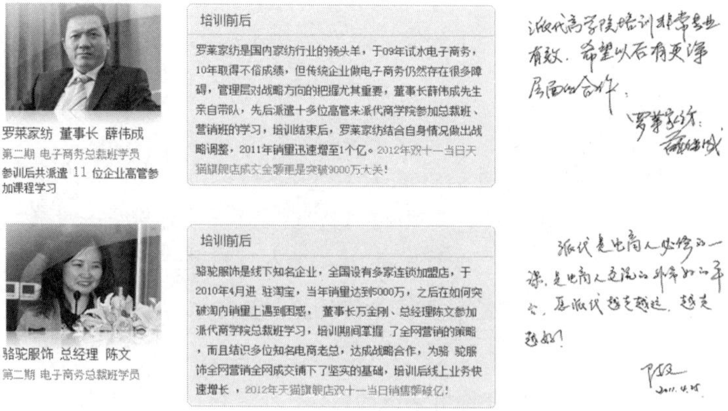

图 6-55　图文并茂的客户评价

客户评价对建立网站的信任力如此重要。那么如何获得客户评价呢？本节的特别分享一起来探讨这些问题。

特别分享

客户评价从哪里来

电子商务类网站的客户评价来源于购买商品的用户使用后的分享。目前，国内多数企业的网站没有开放客户评价功能，客户评价在网站制作之前就已经整理好。

有两种途径可以获得客户评价。

第一种方法是积极关注用户在网上对我们的评价，发现可以用来做宣传的、好的、正面的评价应及时保存，在征求用户许可后，用于宣传。

第二种方法是主动邀请用户给予评价。

例如，图 6-56 所示的这个案例中的客户评价，上半部分的客户评价是学员在QQ群中讨论的截图，当我无意中发现时，做了及时保存。下半部分是在课程结束后主动邀请学员给我的留言，在征求他们的建议后，放到了网站上。

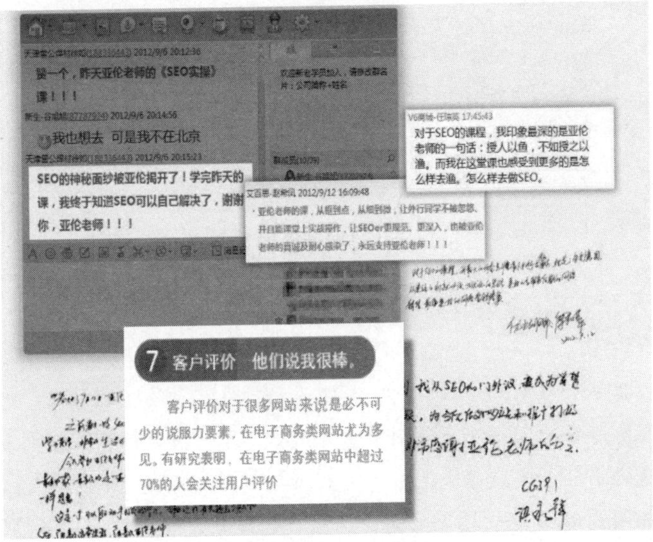

图 6-56　客户评价

为了让更多的客户响应邀请，也可以通过举办一些评价有奖的活动来收集客户评价。

在淘宝或天猫上购物，用户的决策会很大程度上受用户评价的影响。

“用户评价是影响我是否购买某一个产品的重要因素。”

“看完产品的大致介绍，主要是照片之后，我会马上去看用户评价。在评价页面的第一页，如果我看到不好的评价，那我就不会买它。”

淘宝上的卖家会绞尽脑汁让用户给他们好评。我的朋友维维经营着一家淘宝店，他在这方面是个专家，他有很多小点子获得用户的好评，如图 6-57 所示。

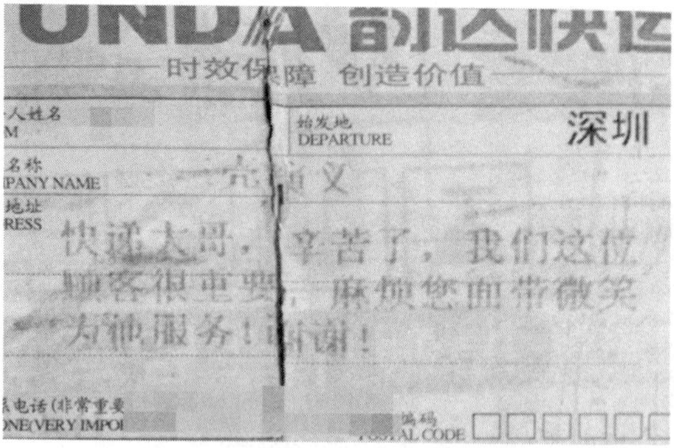

图 6-57　获得用户好评的小点子

“快递大哥，辛苦了，我们这位顾客很重要，麻烦您面带微笑为他服务！谢谢！”

当我第一次看到这段话时，非常感动，感觉自己受到尊重。回家立即打开电脑给卖家一个五星好评，并用心写了一段评语，希望更多的人来买他的产品。直到很久之后才发现原来这段话写给了他所有的客户。

如图 6-58 所示，由于“好评返现”的现象在淘宝交易中普遍存在，因为只要产品质量不是特别让人失望，服务态度不是特别差，大多数客户还是愿意给好评的。

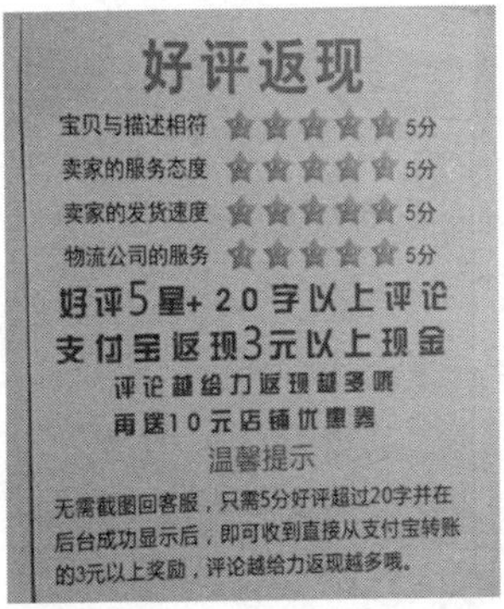

图6-58　装在快递盒子里的“好评返现金”卡片

淘宝已经把“好评返现”做成了一个淘宝卖家后台可以开通的功能，淘宝卖家可以在后台直接设置哪些商品参与返现及返现金额的多少，如图6-59所示。

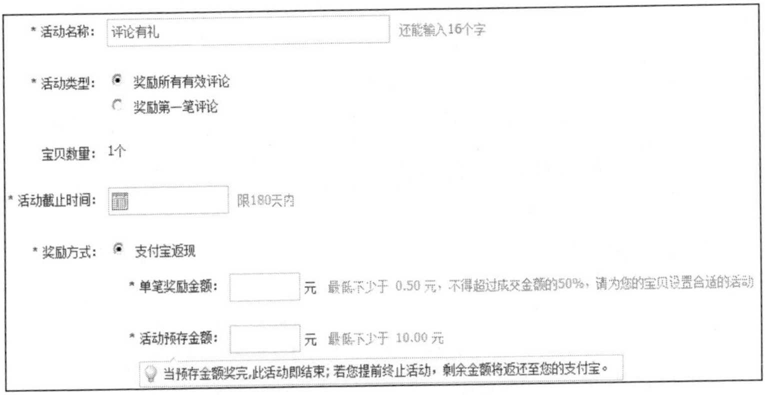

图6-59　淘宝后台评论有礼

商家可以选择出售中的宝贝，然后单击 设置评论有礼 ，找到如图6-59所示的“返现”设置界面。

通常，人们愿意相信客户评价，是因为那些对产品做出评价的人在用自己的信誉来担保自己推荐的产品和服务。

现在多数用户认为，那些信誉较好的电商平台上来自客户评价的可信度远高于电视广告中代言人的广告语，因为这些评价通常来自真正使用过产品或服务的人，而非商家花钱请来的商业代言人。

要素知识点总结

客户评价会在很大程度上决定用户的决策行为，尤其类似淘宝和天猫这样的电商平台。

客户评价可以和网站传递的优势相互印证，从而增强网站的信任力。

客户评价应尽量图文并茂，以增强评价的可信度。

客户评价是营销网站的标配，网上来自真实客户评价的可信度远远高于电视广告里各种形式的代言人的广告语。

获得优质的客户评价不仅需要优质的产品和服务，更需要真诚主动地向客户发出评价邀请。

6.8 内容呈现——眼见为实

情景再现

“货呢？先拿出来看看吧！”——电影对白。

要素说明

通过网络购物时，用户不能近距离与商品接触，很难直观地体验产品。如果希望用户理解并信任产品或服务，就应尽量详细地描述它们，让用户对产品和服务有较为清晰的理解。比如提供产品照片，并尽可能展示细节。

案例分析

电子商务类网站对商品内容的呈现比较细致。图 6-60、图 6-61 是电子商务网站对商品细节的描述案例，案例中不仅展示了产品不同角度的照片，还使用常见的固定尺寸的物体做为参照物。

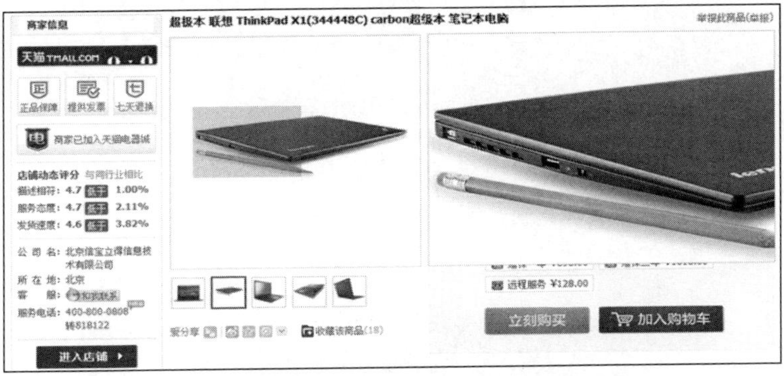

图 6-60　电子商务网站内容呈现：可局部放大的细节展示

图 6-61　iPad 官方网站内容呈现：iPad 与手的尺寸对比及示范

类似的案例如图 6-62 所示，在网上买衣服时，可以看到衣服的高清晰细节，如材质和纹理，还有模特穿着衣服的不同角度的视觉效果。

图 6-62　电子商务网站内容呈现：模特示范和颜色展示

有些产品在用户下单前并没有被生产出来，如个性化定制的产品或服务。可以通过展现先前已经做好的产品样本，让客户通过这些样本想象其产品的最终效果，如图 6-63 所示。

图 6-63　Voices.com 上展现的配音演员的录音，通过试听找到合适的声音

特别分享

如何设计产品和服务的内容呈现

1）呈现产品本身，同时呈现使用效果

常用方法有使用“参照物”描述尺寸；使用局部放大细节来表现质

感；使用构造剖析图来描述工作原理；使用模特来代替用户试穿或试戴的效果；用破坏性试验来描述其他相关的性能，如图 6-64 所示。

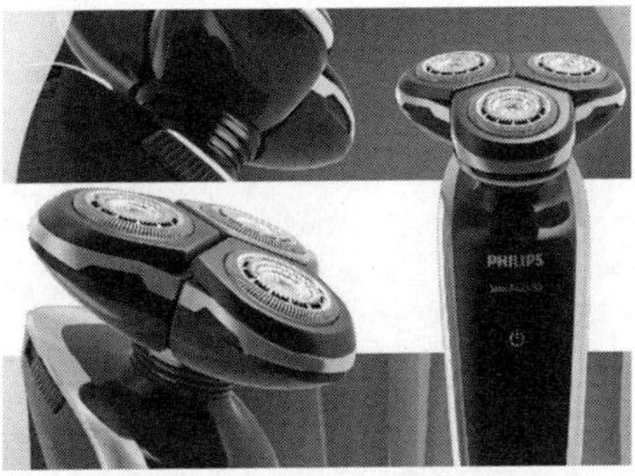

图 6-64 展示产品的细节

眼见为实，用户不仅希望看到真实的产品，更希望看到使用产品后的效果，如图 6-65 所示。

图 6-65 模特在示范使用剃须刀，并向用户展现使用效果

无论是有形的产品还是无形的服务，都可以将使用前后的效果进行对比展示。在对比时，尽量避免过分夸张，以至于影响可信度。在某些行业，过分夸张使用前的图片会“污染”画面美观，给用户带来不适感。

2）教育产品如何做内容呈现

教育产品内容呈现可以是课件或者课程体系。图 6-66 来自我的 SEO 课程的着陆页，页面上展示了课件的部分内容，以便用户了解到课程情况。

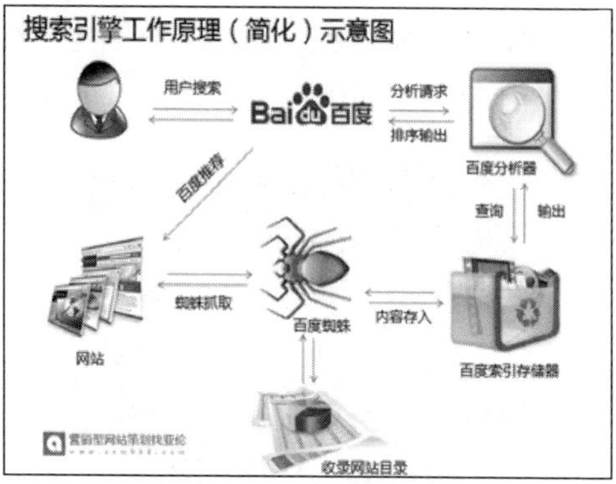

图 6-66　教育产品的内容呈现

比这个更好的内容呈现应该是一段课程现场的视频，这可以让用户更直观地感受课程的内容和听课的效果，如图 6-67 所示。

图 6-67　课程现场的视频录像

内容呈现能同时提高对网站的理解力和信任力。如同在介绍某个产品时，边讲解边拿实物演示一样，表达效果会好很多，也更容易取得用户信任。

要素知识点总结

将产品和服务借助文字、图片甚至视频的方式呈现给用户。

呈现产品本身，同时呈现使用效果。

教育产品内容呈现可以是课件、课程体系，或者直接呈现课程现场的视频。

6.9 生产过程——产品是这样被生产出来的

要素说明

客户对产品和服务了解得越多，越容易信任，可以将产品的生产过程展现给用户，让用户知道产品的来龙去脉。

餐馆的开放式厨房可以让食客亲眼看到食物的加工过程，了解产品的生产过程，在做出购买决策时有更多的安全感。

案例分析

安利纽崔莱的网站是学习这一要素的最好的案例之一。安利纽崔莱制作了大量的精美视频和 Flash 动画从不同的角度一一介绍他们产品的研发及生产过程，如图 6-68、图 6-69 所示。

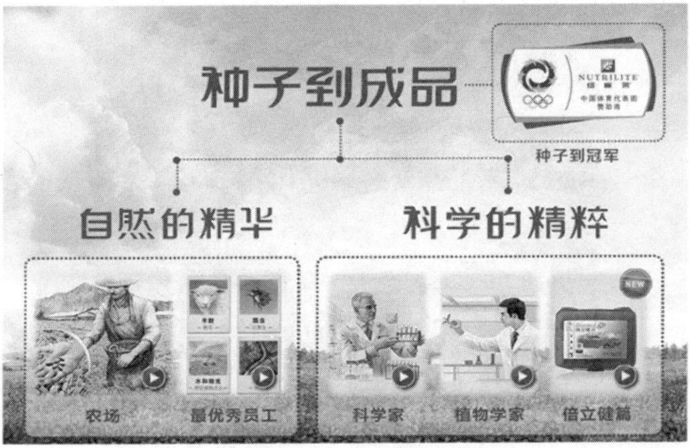

图 6-68　安利纽崔莱的产品提取

图 6-69　纽崔莱植物提取法工序介绍

很多产品的生产过程很难用几张图片形象地进行描述，可以通过视频的形式来展示。

一个做玉石原料的商家，为了让客户相信他们商品的来源和品质，专门到玉料的开采现场拍摄了一段工人开采过程的视频放在网站上，大大提升了对网站的信任力，如图 6-70 所示。

图 6-70　玉料批发商展示玉料开采过程

什么样的产品需要在网站上展现其生产过程？

理论上说，所有的产品展示其生产过程都有助于让目标客户对产品有更多的了解。

你可能会想到需要展示“生产过程”的产品应该更多的是类似于“纽崔莱”这样吃的东西，或者像玉石一样让人真假难辨的产品，其实不然。

如果某品牌汽车的最大卖点是“安全”，那么为了实现“安全”，这种汽车在生产和研发的过程中应该有很多围绕“安全”而开展的工作。将这个工作过程展示给用户，势必会增强用户对这款汽车“安全”的信心，相应地会有更高的说服力。

无论网站向用户推荐的是什么产品，无论该产品的“独特卖点”是什么，对应于这个“卖点”在其生产的过程中都会有所体现。

即使看似与产品本身无关的“价格”在生产和研发过程中也会有所体现。例如，怎样降低生产和研发成本，才能保证产品的性价比高。

要素知识点总结

揭示产品的生产过程有助于增强用户对产品质量的信心。

可以用一系列的相关图片和文字说明来向用户展示生产过程。

视频因其传递信息的效率高，会逐渐被广泛应用到网站。

理论上，无论销售何种产品，均可向用户展示其生产过程，以强化网站的说服力。

生产过程的展示可以用来证明向用户表述的产品卖点。

6.10 服务过程——我们是这样为你服务的

要素说明

网站清晰地展示服务过程或服务流程有助于用户更快地理解，并赢得用户的信任和认可。

案例分析

图 6-71 案例是一家做标志设计公司的网站，第一屏展示了服务流程。

案例中，用户能清晰地看到标志设计服务的流程是：描述你的需求→设计师 PK→挑选你中意的标志。

图 6-71　服务流程展示

相对于没有展示服务流程的公司，即使流程完全一样，但是，由于没有明确展示，当用户在两家公司进行比较时，展示的公司会有明显优势。人们通常会有一种逻辑就是“好的过程”对应于“好的结果”。和生产过程一样，让用户知道服务的细节，给用户更多的安全感和信任。

对于服务型的企业，因为他们提供的多数是看不见，摸不着的非标准品，服务本身往往只是一个过程。不能像给实物拍照片一样，给服务拍照片。如果非要让用户看到服务的照片，能拍的就是服务的过程。

某商学院在课程推广页面上展示了培训场景、课程现场学员案例分析、同学会和企业参观的现场照片。高效地表达了课程内容和价值，同时大大增加网页的信任力，如图 6-72 所示。

图 6-72　派代商学院的课程推广页面

汽修培训网上的这个页面描述了“如何帮助学员找到满意的汽修培训学校”的服务过程，如图 6-73 所示。

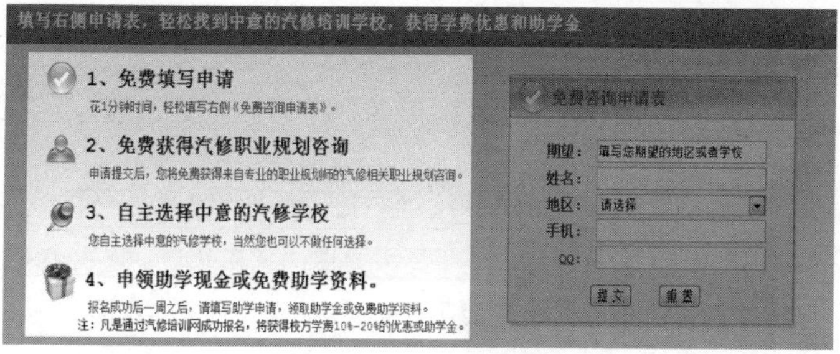

图 6-73　服务流程描述

要素知识点总结

正如生产过程一样，揭示服务过程（流程）有助于用户理解服务的细节，增强用户对服务的预期效果的信心。

很多服务是在客户消费过程中产生的，并随着过程的结束消失。例如教育培训，要想让用户更多地体会到服务的价值，将服务的过程展示给用户。

作为第一个向用户展示其服务过程的网站，即使竞争对手服务过程完全一致，也会因为率先展示而获得竞争优势。

6.11 社会证据——那些传递权威和信任的人物和事件

要素说明

在一般情况下，我们更容易相信那些被大众所信任的权威人士，也习惯于通过某些事件来判断与事件相关的人。

这就是为什么商家喜欢邀请明星和专家做产品或服务的形象代言，而人们喜欢“炫耀”那些自认为了不起的经历的原因。

因为权威和信任是可以被传递的，那些被信任的人所推荐的人也会获得信任，那些做出了不起的事情的人也了不起。

案例分析

某留学机构聘用大量前驻外使馆参赞、领事作为留学顾问，大大增加了该企业的可信度和行业地位。当用户做决策对比时，这些权威人士无疑会成为影响部分用户选择的重要因素。

能传递信任的不一定是人，也可以是某些事件，通过事件可以从侧面了解企业的社会地位和影响力，如图 6-74 所示。

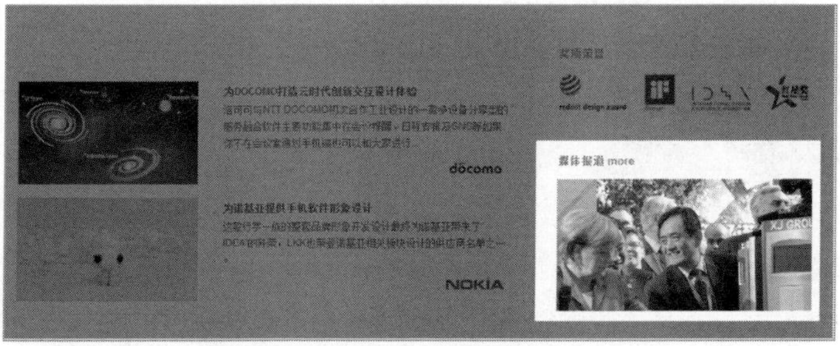

图 6-74　传递信任和权威的新闻事件

企业新闻的营销价值并不是总能发挥作用

在很多企业网站都有类似于“企业新闻”的模块。策划营销型网站时，常常也会有这样的模块。

企业新闻的模块有助于用户了解企业的最新动态，掌握企业更多最新的信息。让企业更加真实、鲜活地出现在用户面前。

在很多网站策划方案中，企业新闻模块常常被放在非常显著的位置，比如网站的第一屏，甚至将重点新闻设计成第一屏的 banner 广告，这种做法并不总是最好的做法。

很多时候，企业一厢情愿地认为用户会对企业的新闻感兴趣，认为告诉用户最近又和什么大公司合作，又参与了什么重大的项目，甚至是最近公司开了一场盛大的年会，公司组织了一场足球比赛等，会给用户留下好的印象。

但大多数情况是用户并没有因此产生好感，甚至连看都没看。更糟糕的是，充斥网站首屏的是企业急着表达的，而不是用户感兴趣的，这让很多用户提前离开了网站。

在日常生活中，我们是否也会犯这样的错误。见到朋友迫不及待地跟他们分享最近你又去哪里玩了，最近又收藏了什么宝贝。当你滔滔不绝的时候，或许朋友并没有认真听。因为这些不是他们感兴趣的。前面所提的只是这种现象在网站上的重演罢了。

企业新闻出现在适当的位置才能发挥作用

网站首先要向用户交代的是“我是谁，我是做什么的，我能帮你解决什么问题”，再努力去赢得用户的好感。

在多数情况下，建议将“企业新闻”放在第一次行动号召之后。营销型网站中每一个“要素”都是为营销而生的。当决定把新闻放上网站的时候，请确认这篇文章一定是对促进成交有用的，而不是那些“家庭琐事”。

很多企业的网络营销工作缺乏专业的指导，类似于更新网站新闻，执行层的员工常常被要求，每周一篇或者每天一篇，为了完成任务，工作人员常常把“鸡毛蒜皮”的事情搬到网站上。

当网站出现在用户面前，正如你亲自面对目标客户一样，比“说什么”更重要的是“在什么时机说”。

要素知识点总结

权威和信任是可以传递的，在网站上展示那些可以传递权威和信任的事情和人物。

企业新闻可以增强信任，但是，应该注意“说服逻辑”，在用户没有产生兴趣之前，过早地炫耀只会适得其反。

营销型网站上每一个要素都是为营销而生的，即使是企业新闻，绝不是什么鸡毛蒜皮的事情都要发布到网站上的。

当网站出现在用户面前时，正如亲自面对目标客户一样，比“说什么”更重要的是“在什么时机说”。

6.12 荣誉展示——权威机构认可我们

要素说明

人们通过荣誉来了解一个人或企业过去取得的成绩，并以此推测其现在的品质。

如果获得过国际国内权威机构的相关认证或者奖项，则可以在合适的位置展示出来，这样有助于提升网站的信任力。

案例分析

如图 6-75、图 6-76 所示，下面两个案例中企业荣誉被展示在页面的底部。

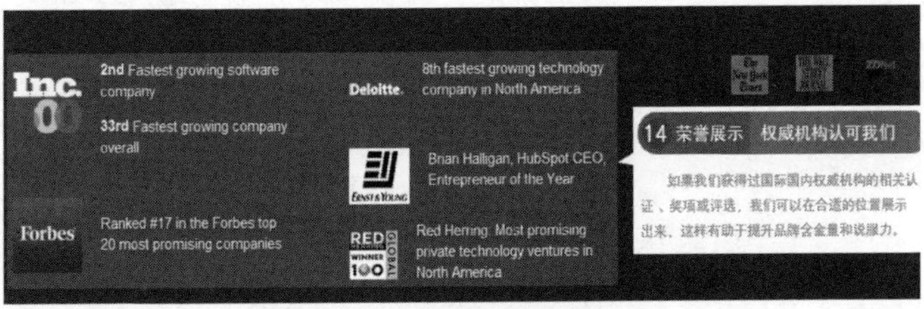

图 6-75 网站底部展示的荣誉

网站的底部展示了该公司获得美国成长最快的 500 强公司的排名，“成长最快的软件公司排名第 2，总排名第 33”、“福布斯最有前途的前 20 个公司排名第 17”、“公司的 CEO 获得年度企业家称号”等。

图 6-76 的案例中，展示了企业获得“2012 年度最受欢迎的家具类商城”、“公众满意度金榜”等一系列荣誉。

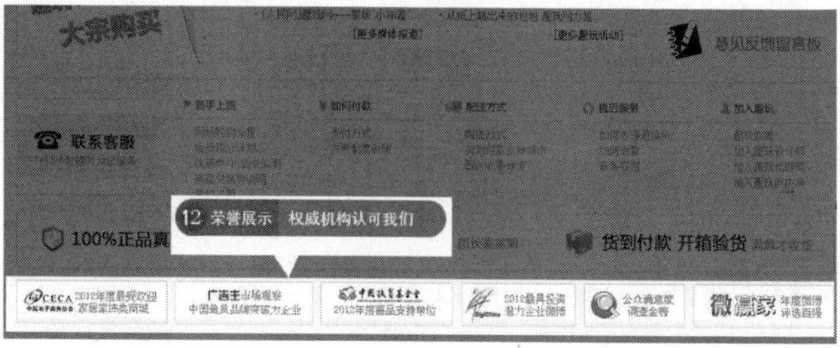

图 6-76　电子商务网站底部的荣誉图标

每一个企业都有属于自己的荣誉

我曾经给一家做防护箱的企业做过网络营销方面的咨询，第一次去这家企业参观的时候，企业的老总带我来到一个产品展示厅。在展厅里摆满了各式各样他们自主设计研发的防护箱，最让人映像深刻的是展厅的一面墙壁上挂满了各种荣誉证书和获奖证书，还有各种与防护箱技术相关的专利证书。

看完这些后，不得不对这家企业在“防护箱”方面的专注和研究成果产生敬佩之情。然而，这些证书从来就没有在他们的网站上出现过。

每个企业都有属于自己的荣誉。请把这些荣誉展示在网站上，而不是放在家里孤芳自赏。

如果是一家新创的公司，那么很多时候荣誉是要靠自己争取的，多数荣誉不会从天而降。新的发明或技术的革新需要积极去申请专利。很多奖项的获得需要企业主动去参与评选。

要素知识点总结

人们可以通过荣誉了解一个人或企业过去取得的成绩，并以此推测获得荣誉的人或企业现在的品质和实力。

把荣誉展示在网站上。

想获得荣誉需要努力工作，并积极主动争取。

记得为发明申请专利，主动去参加行业的评选。

6.13 常见问题——解除用户抗拒，促进转化

要素说明

在了解产品和服务的过程中，用户会产生很多疑惑，如果这些疑惑得不到解决，就会阻碍用户进一步行动。尽可能多地收集用户问题，并给出合理的答案，帮助用户解决疑惑。

这里说的常见问题有别于技术文档，这里特指阻碍用户购买的问题。

案例分析

如图 6-77 所示的案例是来自“百度推广”的页面，因为“百度推广”对很多企业来说是一门新技术，想说服没有做过“百度推广”的企业采用这种新的广告形式，应该让企业弄清楚“百度推广”到底是什么，如果他们心中有疑问，就很难做出决定。

很少有企业在决定花钱的时候稀里糊涂，至少要他们自认为自己很清楚。

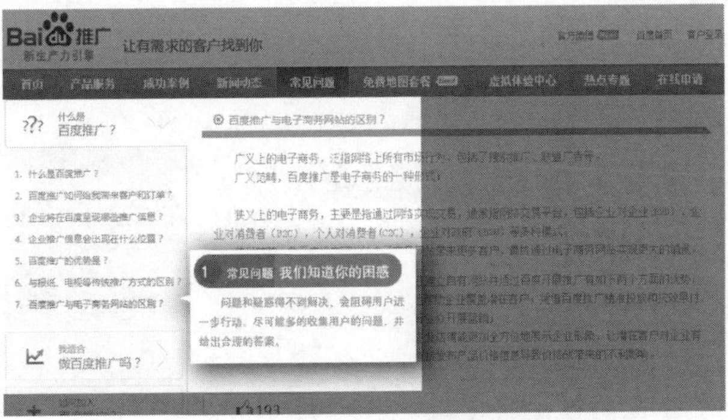

图 6-77　百度推广的常见问题列表

特别分享

从公司标准销售话术中找到常见问题列表

在销售过程中，不可避免地需要回答很多客户的问题。而不同的客户经常会提出相同的问题。成熟的销售团队会利用集体的智慧为这些问题提前准备好答案，这就是经常说的销售话术。

销售话术通常是企业找到的最好答案，业务员都会将这些标准的话术背诵下来。

最简单的获得常见问题列表的方法是去找公司的销售话术。然后从中找出那些提问频率高的问题，稍做修改就可以制作网站上用的问题列表。当然，面对面提的最多的问题不一定要出现在网站的常见问题列表中，因为可能网站前面的内容已经回答了一部分，无须重复。

从在线客服的聊天记录中找到常见问题列表

通过查看在线客服的聊天记录，将用户最常问的问题整理成常见问题列表，如图 6-78 所示。

常见问题解答

目前开设的课程有哪些？

目前已开设《电子商务总裁班》、《电子商务营销班》及《淘宝天猫店长班》三类课程，分别针对企业决策层，营销负责人，具体执行者有针对性的开展教学。

谁适合参加培训呢？

传统企业 总经理 / 电商负责人/市场、网络营销负责人
互联网电商企业 总经理 /市场、营销负责人
平台企业 总经理 /市场负责人/渠道负责人

培训的形式是什么样的？

授课方式是讲师实战案例分析+模拟互动的形式。严格控制人数保证互动效果的小班授课。

能保证学了就有效果么？

实例证明，通过我们的培训已帮助百余家学员企业成功转战电子商务市场，如罗莱家纺、广州骆驼服饰、酒仙网等等涵盖：服装、美食特产、酒类 、化妆品、小家电、鞋包服饰、家具建材、医疗保健等各行各业，多种品类。如广州骆驼服饰2010年线上销售额5000万，2011年4月份参加培训，培训后线上业务量保持快速增长，11年全年销售额达2个亿。

培训后的增值服务？

所有正式参训学员：

a、培训后3年内可享有5次复训机会，
b、享有课后阶段性评估诊断。

图 6-78　派代商学院总裁班常见问题列表

常见问题列表中的内容不限于产品和服务

用户的决策过程本质上是一个不断学习和确认的过程。如果把说服的过程当成用户提供信息服务的过程，则有助于获得用户的好感和信任，所以为用户准备解答常见问题不限于产品和服务。

假设为一家电脑培训学校策划一个页面，这个页面服务于那些正在寻找关于“如何选择电脑学校”信息的客户。常见问题列表第一条很有可能是“如何选择电脑学校？”。

要素知识点总结

为用户准备常见问题解除用户抗拒，促进转化。

常见问题不是技术文档，而是阻碍用户转化的困惑。

从公司标准销售话术中找到常见问题列表。

从在线客服的聊天记录中找到常见问题列表。

常见问题列表中的内容不限于产品和服务，有时候是从解决用户的困惑开始的。

6.14 风险承诺——降低用户决策压力

情景再现

“风险让用户望而却步。”

“真有他们说得那么好吗？”

“能不能解决我的问题？”

“要是解决不了，岂不是白白浪费了时间和金钱？”

“会不会上当受骗？”

要素说明

如果不能克服决策压力，用户永远不会进入最终决策执行的状态。人们做出决策的时候，会为潜在的风险而犹豫。

“花了钱，能达到我想要的效果吗？花了钱，能解决我遇到的问题吗？”，如果能打消用户的这些顾虑，就会更容易成交。如何能做到这点？

风险承诺。

案例分析

风险承诺被广泛地应用在电子商务网站中。最常见的如“7天无理由退换货”。以下是趣玩网的风险承诺，如图6-79所示。

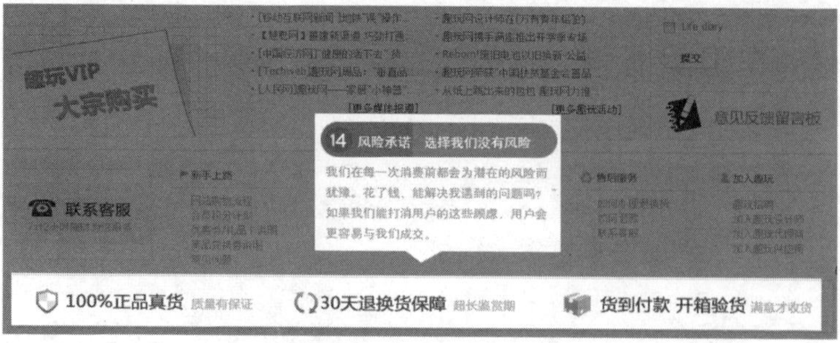

图6-79　趣玩网的“30天退换货保障”

风险承诺的本质是风险的转移，商家主动承担可能存在的风险，从而减少用户决策时的压力。当做出“7天无理由退换货”的承诺时，会不会有很多人因为这个风险承诺故意购买产品恶意试用，并在7天内退货呢？如果真的有人退货，那岂不是会带来人力和物力的损失。

实践证明，在多数情况下，只要合理设计风险承诺，就没有必要有此担心。因为：

（1）大多数商品在退换货的过程中，带来的损失相对于收益是非常小的。

（2）在正常情况下，只要宣传没有过分夸大或虚假，退换货的发生率是非常小的。

（3）恶意滥用风险承诺的用户毕竟是少数，黑名单可以避免重复滥用。

在合理设计的基础上，多数情况下，风险承诺带来的收益远远大于做出承诺而带来的成本。那该如何设计风险承诺呢？

特别分享

如何设计风险承诺

为期一天只收取场地费的SEO讲座曾经做过“先学习，再付费”的承诺。这个承诺显然可以降低客户决策的风险，但是，由于没有支付任何费用，总是有部分预约座位的学员因各种“不可抗拒的原因（比如，临时有个重要客户来访，早上出门堵车，朋友相约出游，昨天晚上某某球队输球……）”推迟学习时间，给教务安排增添了很多麻烦，同时造成一定的场地费用损失。

最终判定这样的风险承诺的成本大于收益，所以取消了这样的承诺。

下面进一步讨论风险承诺的相关问题，希望对大家设计适合自己产品的风险承诺有帮助。

1）有约定赔偿的承诺才叫风险承诺

当做出风险承诺时，意味着在达不到承诺的条件时，将做出相应的赔偿。因为有赔偿作为保证，用户愿意在行动上更进一步。凡是对用户决策毫无促进的承诺都不是有效承诺。

2）风险承诺是信任力的重要组成部分

多数产品和服务的质量存在一定的不确定性，在说服的过程中，很难对用户的所有疑虑和抗拒一一解除。要想让用户大胆尝试，风险承诺无疑是非常有用的手段。对于做出风险承诺的企业来说，用户购买行为产生的风险，完全或部分是由企业来承担的，大大增强了用户对产品和服务的信心。

3）风险承诺应该明确具体、易于兑现

要让承诺清晰具体，易于兑现。如果承诺描述很模糊，则兑现承诺需要很多苛刻的条件，承诺就会形同虚设。

4）风险承诺可以提升市场竞争力

通过做出超出同行的承诺，来提升市场竞争力。比如，在网络购物中多数商家做出“7 天无条件退换货”、“30 天无条件退换货”是更有竞争力的承诺。

5）风险承诺对企业提升产品和服务质量是一种鞭策

风险承诺不仅对说服有帮助，其实从企业的内容管理上也是有监督和促进的作用。因为达不到承诺的标准，企业将面临赔偿，遭受损失。

6）风险承诺需要经过测试才能正式执行

风险承诺本质上是风险的转移。无论风险是否真实存在，或大或小，风险承诺本质是将风险从用户转移给承诺者。

设计不合理的风险承诺会诱使部分用户**滥用承诺**，所以在正式公开宣传承诺之前需要做一定的测试。

测试方法可以是局部承诺测试或隐性承诺测试。局部承诺测试的具体做法是局部地区或部分产品做承诺测试。隐性承诺测试方法是不公开宣传承诺内容，企业内部按照承诺标准执行，测算承诺的收益和成本。

虽然，这两种方法并不能完全规避风险承诺的风险，但至少可以给正式做出相关承诺提供决策参考。

要素知识点总结

使用风险承诺来降低用户决策压力。

如何设计风险承诺?

（1）有约定赔偿的承诺才叫风险承诺。

（2）风险承诺是信任力要素的重要组成部分。

（3）风险承诺应该明确具体、易于兑现。

（4）风险承诺可以提升市场竞争力。

（5）风险承诺对企业提升产品和服务质量是一种鞭策。

（6）风险承诺需要经过测试才能正式执行。

6.15 免费资源——抓住那些即将离开的客户

情景再现

再别网站

悄悄地我走了，正如我悄悄地来；

我点一点鼠标，不带走一片云彩。

要素说服

因为各种原因，很难说服所有来到网站的用户，很多用户看完网页内容后什么也不干，就离开网站。用户一旦离开网站，通常意味着失去了转化的机会，因为他们的需求有可能在下一秒就被其他的竞争对手满足。

对这些即将离开网站的用户来说，如何在其离开之后继续保持影响呢？——提供一些免费的资源。

如果不能说服用户立即购买产品或服务，则说服他们接受免费赠送的礼物一般要容易得多。

案例分析

在图 6-80 所示的案例中，网站提供了“免费电子书”下载。

图 6-80　提供免费电子书下载的网站

提供高质量的免费电子书，让下载电子书的用户因此而受益，可以帮你在他们心中建立权威和可信的形象。

当他们在相关问题上遇到困难时，最容易想到的是你，甚至向你请教，这是一次很好的合作机会。

如果为用户提供免费的电子书下载，应该非常有诚意地创作这本电子书。举例来说，如果在我的 SEO 培训页面上提供一个免费的 SEO 电子书，那么我应该毫无保留地将我掌握的 SEO 知识最有价值的部分写进这本电子书，而不是担心用户下载我的电子书后，不再来听我的课程。

为什么呢？因为看了书而不来学习的学员虽然没有付学费，但是，他却因此对我产生了好的印象，并传播这本书，有助于形成品牌。如果因为害怕自己的知识被别人无偿获得而写出糟糕的文章，让那些看过书的人认为作者没有水平，岂不是得不偿失，那样干脆就不要提供免费电子书了。

实际上，只要学费公道，那些看完书产生信任的人，很多时候还是愿意付费向我学习的。因为毕竟跟书本学和面授有很大的不同。首先，书籍不能做到有针对性，面对某个企业的具体问题具体分析。其次，当面沟通时可以多次反复交流和确认，可以避免学员对知识点的误解，而这一点通过阅读书籍很难做到。面对面向作者请教比看书的效率高很多。

免费资源下载是有效地保持对那些暂时不被转化的用户影响的好方法，也是品牌传播的好途径。

特别分享

用提供信息服务的心态去做网络营销

互联网的本质是高速信息网。互联网的这两大特征给我们什么启示呢？网络营销人应该有什么样的心态去应用互联网来实现营销目标呢？

下面对这两个特点做简单分析，希望能对你有所启发。

首先是高速，高速意味着什么？

高速意味着用户打开浏览器之后，在很短的时间内就有可能找到自己想要的信息，而且不止一条。如果他们要找的是某项服务的信息，而你正好提供这种服务，那么他们就有可能会找到你，同时找到很多竞争对手。

高速意味着用户获得信息的时间成本很低，同时放弃某个信息的时间成本也很低。

高速意味着他们会快速从一条信息跳到另一条信息，以至于养成了“冲浪”的习惯。

高速意味着用户的忍耐度很低。因为他们习惯了快速获得，而不是等待，如果让他们等待，他们就会立即离开，因为有人可以不让他们等待。

高速意味着用户浏览信息时，不是在阅读，而是在扫描。因为这样才能在短时间内处理扑面而来的大量信息。

所以面对互联网的高速，请让网站响应的速度更快；让网页传递信息的效率更高；让用户获得信息的成本更低；否则你做不到的，竞争对手会做到。

信息意味着什么？

信息意味着，用户找上门，更多的时候为了获得信息而不是看广告。他们看网页是为了寻求解决问题的方案，或是为下一步决策找依据。他们不喜欢自吹自擂，尤其是在他们还不知道你能否帮到他们之前。

来到网站上的人们是自利的，就像我们自己一样，他们并不关心你的信仰、你的爱好、你的成就，他们只为寻求信息而来。你的成就只在他们需要你证明自己时才有用。

请用为用户提供信息服务的心态来做网络营销。

如果以此为网络营销的信条，并坚持不懈，那么相信你无须去学习那些所谓的“技术”。你一定能指导你的团队做好搜索引擎优化；一定能指导团队做好微博营销和微信营销；一定会为你的目标用户准备更多有用的免费资源；哪怕他们并没有立即选购你的产品和服务。同时，你一定不会为新出来一种营销手段感到迷茫，因为你很快就明白，所谓新出来的某某营销，对你来说只是多了一种为用户提供信息服务的工具而已。

要想成功地营销，首先成为产品和服务方面的专家，成为了解你的目标客户信息需求的专家，了解他们的担心和恐惧，了解他们内心那些小小的“自私”的想法，为他们提供信息，帮助他们找到答案。

营销就是这样，无论传统媒体营销，还是网络营销，服务就是营销。

6.16 说服逻辑——让说服力要素有机结合构成说服力

情景再现

“说服力=理解力+信任力+行动力”

要素说明

所谓逻辑，就是先后和因果关系。说服的逻辑就是在说服的过程中，先说什么，再说什么。

说服逻辑不是展示在页面上的有形要素，而是贯穿整个页面，将前面所述的要素有机整合并形成最终有说服力的要素。

如果没有说服逻辑，则所有的说服力要素就像一盘散沙，很难实现有效说服。同时，说服逻辑控制着营销型网站的说服力要素之间的位置关系，它指引我们快速找到高效的页面布局。

在营销说服中，最常见的说服逻辑如下。

（1）我是谁。（标志和宣传语、品牌定位、产品定位）

（2）我卖什么产品或服务？（标题、产品定位）

（3）我的产品和服务能帮助哪些人？（目标客户定位）

（4）我能帮助他们解决什么问题？（产品价值定位）

（5）为什么要选择我而不是别人？（我的独特卖点和优势）

（6）凭什么相信我？（成功案例、客户评价、社会证据）

（7）为什么立即购买我的产品或服务？（行动号召）

（8）你没有必要有任何担心和恐惧，我们会为你的行动承担责任。（风险承诺）

（9）立刻行动吧，这个过程轻松而愉快。（促销促动）

一个最简单的、完整的说服逻辑至少包括以下几点。

（1）我是谁？

（2）我卖什么产品或服务？

（3）为什么要选择我？

（4）凭什么相信我？

（5）为什么立即购买我的产品或服务？

说服逻辑是目前大多数企业网站普遍缺乏的要素。很多网站之所以转化率不高，就是因为说服力要素缺乏或要素位置不合理，不能构成完整的说服逻辑所导致。

能看到的缺乏说服力的企业网站最常见的现象是，网站内容只做到了最简单说服逻辑的前两点：我是谁？我卖什么产品和服务？至于优势、独特卖点、信任和行动号召全无。

案例分析

如图 6-81 所示的网站是一个因缺乏说服力要素而不能构成说服逻辑的典型案例。

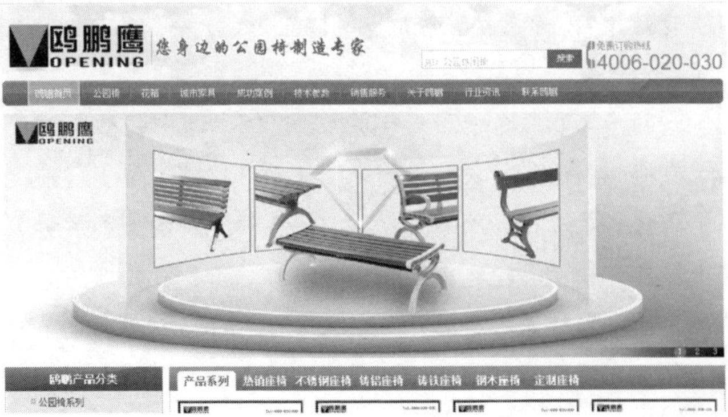

图 6-81　缺乏说服力要素的网站

案例中拥有营销型网站的部分要素，如标志、网站宣传语，但是，在合适的位置上缺乏必要的标题、优势、成功案例、行动号召等要素。

如果提供同类产品的竞争对手率先做到了更完整的说服逻辑，则用户会更倾向于选择竞争对手。

当你准备完成营销型网站策划的时候，请检查一下，网站现在是否做到了告诉用户：你是谁，你提供什么产品或服务，你的优势是什么，为什么要选择你而不是你的竞争对手，凭什么相信你，为什么立即选择你。

你的网站做到了吗？如果暂时还没有做到，那是因为缺少什么要素呢？该如何为网站准备这些要素呢？可以把书翻到相应的章节，因为在大多数要素后面的特别分享部分，已经讨论了一些关于如何准备网站要素的知识。

一个完整的营销型网站可能包括导航、搜索框、页脚信息、公司简介、联系我们等网站常规信息。专门讨论常规网站元素的相关书籍还是有很多的，本书重点旨在启发你将说服力融入网站策划中，所以这里就不占用篇幅去讨论了。

第7章继续讨论关于这些要素的准备和文案写作的相关内容。

第7章 营销型网站素材的准备和文案写作

7.1 营销型网站的素材准备

营销型网站说服力元素呈现形式上最常用的是文字、图片和视频，也可以使用音频或交互动画。

7.1.1 文字和图片

文字是最常见的页面元素，因为文字能相对准确地表达。但通常文字的信息传达的效率较低，难以描述复杂的内容。如图 7-1 所示的收纳包，如果用纯文字来描述，则很难快速描述清楚。

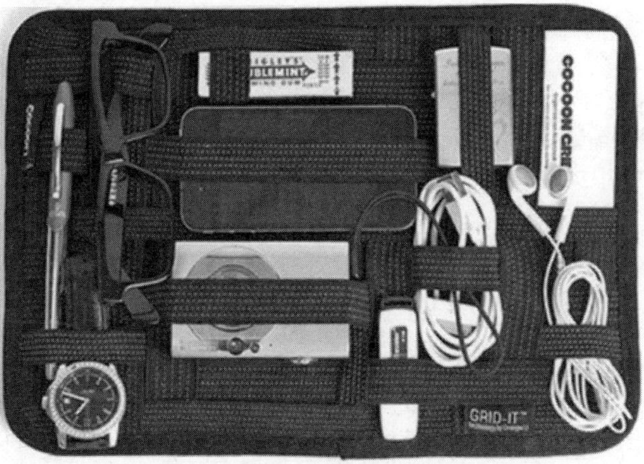

图 7-1 图片传递复杂信息

人们常说一图抵万言，因为图片可以承载大量的信息，也可以快速传递复杂的信息；同时，图片具有相对更高的可信度。

但是，很多时候图片表达的含义具有分散性，如果没有文字或上下文的配合，那么同一张图片，不同的人可能理解到的是完全不同的内容；另外，很多东西从外表看不出差别，照片看起来都是一样的，例如 500G 硬盘、20 英寸，3699 元。如果没有文字，则我们很难精准表达。

所以，图文并茂是更为常见的表现形式，如图 7-2 所示。

图 7-2 图文并茂传递信息

7.1.2 视频

在三种形式中，视频的表达效率最高。生动传神的视频，胜过千言万语。无论是信息传达的效率和可信度，视频具有不可以替代的优势。

随着专业视频制作成本的不断降低和宽带互联网的普及，将来会有更多的网站采用视频并融入更多交互的元素来呈现说服力要素。

可以用视频与图文的配合提高信息传达效率，如图 7-3、图 7-4 所示。

图 7-3 视频与图文配合提供信息传达效率（右中为产品视频演示）

图 7-4 视频与图文配合提供信息传达效率（左下为产品视频演示）

7.2 营销型网站文案写作的 8 个技巧

除了呈现形式，网站要素的文案写作对网站说服力也会产生较大影响。同样的意思，换一种角度或说法，产生的效果会有很大不同。

哪怕仅仅是把一个长句子，改成几个意思相同的短句子，或把一个段落重新分成几个段落，都会影响用户对文案的理解速度和网站信息传达的效率。更重要的是好的文案从来就不是“写”出来的，而是“改”出来的。

下面的建议可以帮你提升网站文案的质量。

7.2.1 描述用户利益而不是特征

在营销型网站上，要努力尝试**从用户利益的角度出发**表达需要传递的信息。

在线下研讨班中，有很多建站公司的朋友。在一次聊到如何打造建站公司竞争优势的讨论中发现，很多客户总是希望尽快完成网站交付。比如，今天签的合同，巴不得第三天就看到网站效果图，一周就要上线。

这是消费普遍心理现象，人们一旦产生明确需求，就希望立即得到满足。当然，其中也存在紧迫性问题，比如追赶一次广告投放计划；在某个特殊的时间点，安排一次促销等。

总之，对于建站公司来说，“更快交付”是一种显而易见的优势。假设你能承诺的交付时间是 10 个工作日以内。从用户利益的角度出发，怎样向客户表达这一优势。

下面两种说法更倾向于哪种？

1. “我们将在 10 个工作日内交付网站”

2. “**交付快**：10 个工作日内网站上线”。

这两句话，都在说同样的事情，但是，却出自不同角度，第一句话在强调“10 工作日交付”的事实；第二句话是在强调“交付快”这个事实带来的“10 个工作日内网站上线”的用户利益。

这两句话也许都不是最好的，但是，我想借这个案例来强调：换位思考，从用户利益角度出发书写文案的重要性。

这个道理虽然很简单，但是，很多时候被策划人员忽视。我的一位客户在网站上写到“我们的创新”。当读到这些创新的时候，仿佛看到他们得意洋洋地炫耀自己有多么了不起，而一点都没有读到这些“创新”对用户有什么好处。

并不是所有时候，用户都能从那些让你引以为豪的优势中读到对他们的好处。因为他们可能不是你那个行业的专家。应该直接告诉他们能获得什么好处，而不是让他们去思考。

我的一位生产涡轮电机的客户，发明了某项专利，能让他们的设备平均省电 25%。如果将此项发明作为优势，那在网站上是强调他们的伟大发明，还是让用户知道他们能帮用户节约能源呢？

显然，应该开门见山地告诉用户“产品比竞争对手省电 25%”，然后再去解释他们是怎么做到的。

为网站准备文案时，时刻提醒自己——用户关心的是你能为他带来的好处，而不是你的那些辉煌成就，除非他们需要你用这些成就来说服他们相信你。

写文案时，努力描述用户利益而不是特征，这两者有区别。例如，对于一款节能环保的空调产品来说。特征是“环保能耗低”，而用户利益是“节省电费（省钱）”；某互联网养车品牌的特征是“互联网养车第一品牌”而用户利益是“优于 4S 店品质，节省 30%费用”，强调后者比强调前者更重要。

7.2.2 使用用户的语言表达方式

有个关于一本儿童读物如何成为畅销书的故事是这样的。

作者在写完书稿后，并没有急着发表，而是把书稿拿给邻居家的小朋友看，然后请他们用笔将不认识的字和看不懂的句子圈出来。作者拿回那些被小朋友看完并圈过的书稿，将那些小朋友不认识的字和难懂的句子换成更简单的字和句子。他不断重复这个过程，直到没有人再在书上画圈为止。

书出版后非常受孩子们的欢迎，甚至那些不爱学习的小朋友都会在课堂上偷偷看这本书。

我想这本书之所以成为畅销书，并非仅仅因为作者的这个小小举措。但是，从这个故事中可以看出使用用户语言的重要性。

在营销型网站中，使用用户的语言写作文案还有以下好处。

7.2.2.1 有利于搜索引擎优化

使用用户的语言，意味着文案中有更多的机会出现用户在搜索引擎中搜索时用的“关键词”，有利于提高网页与相应关键词的“相关性”。在搜索引擎中，“相关性”是影响网页在搜索结果中自然排名的最重要的因素之一。

例如，一个网页内容的主题是“计算机培训”，而更多的目标客户习惯用“电脑培训”这个词。那么就应该使用“电脑培训”来书写文案。这样用户在搜索“电脑培训”的时候，更容易找到你的网页。

7.2.2.2 有利于提升网站说服力

在多数情况下，用户是在扫描而不是在阅读，除非遇到自己非常感兴趣的内容才会细细品味。使用用户的语言有助于吸引用户的注意，并引起兴趣。同时，使用用户的语言让用户理解文章的内容更加容易。增加了网页的吸引力和理解力，本质就是在增强网站的说服力。

7.2.3 使用短句子和短段落

人们害怕阅读长句子和长段落，长句子和长段落会给用户阅读带来压力，甚至吓跑那些不愿花时间阅读的用户，所以尽量使用较短的句子和段落。

试着在文案写作中，将句子变短，将段落划分得更细。虽然，用户阅读量并没有减少，而且有可能会更多。但是，因为句子变得短了，让用户更有耐心完整阅读。同时，短段落能让用户在较短时间内就可以稍作休息，阅读起来不会很快感到疲劳。

在写这本书的时候，也时刻注意这个问题，尽量控制句子的长度不要超过一行，甚至更短。尽量控制一个段落的行数不要超过五行，甚至更少。

下面介绍两种将长句子变短的方法。

7.2.3.1　使用短的同义词

如图 7-5 所示，网站标题“find voice-over talents”改成“find voices”，使用了较短的同义词，并没有影响要传达的信息。

图 7-5 使用较短的同义词

7.2.3.2　删掉不必要的文字

如图 7-6 所示，删掉了不必要的“and see great results”将长句

子“Post your job free and see great results”改成了短句子“Post your job free”。

图 7-6 删掉不必要的文字

一起来做一个小小的练习，把下面的长句子改成短句子，并在尽量不增加理解难度的情况下保持意思不变。你能写出的最短句子字数是多少？

长句子：扫描二维码抢座位，仅有 20 个座位。

短句子[①]：

7.2.4 加粗显示关键词句

加粗显示关键词，让用户在扫描中捕捉到你希望他们关注的内容。本章前面的文字中，就使用了这个小技巧。如图 7-7 所示。

① 这里提供一个参考答案“扫码抢，仅 20 座。”

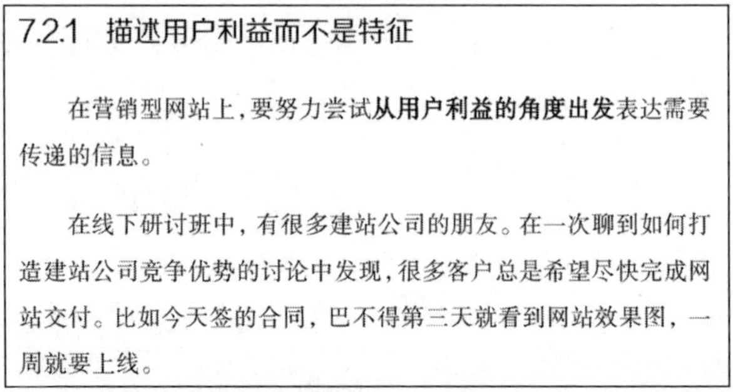
7.2.1 描述用户利益而不是特征

在营销型网站上，要努力尝试**从用户利益的角度出发**表达需要传递的信息。

在线下研讨班中，有很多建站公司的朋友。在一次聊到如何打造建站公司竞争优势的讨论中发现，很多客户总是希望尽快完成网站交付。比如今天签的合同，巴不得第三天就看到网站效果图，一周就要上线。

图 7-7 加粗显示关键词句

“加粗显示关键词”和前面的“使用用户的语言”一样，无论是搜索引擎优化，还是提升网站的说服力都有用。

搜索引擎会更加关注那些被强调的关键词，并以此为判断网页内容的依据之一。选择加粗正确的关键词有助于搜索引擎正确理解网页要表达的重点，从而准确地推荐给有相关信息需求的人。

用户也能从被加粗的词句中，更快理解你要表达的重点。

7.2.5 配上必要的图片

人类天生用图像思考、文字是由图像抽象简化而来的。人看到文字时，常常先把文字转化为图像，再处理。这个转换过程必然会消耗一部分脑力，所以图像比文字更直观，信息传达效率高。就像一本书，如果配上形象生动的图片，会让书的内容增色不少。另外，配图还有以下好处。

7.2.5.1 配图让阅读更轻松愉快

过于密集的文字会给阅读带来压力。尽量为文字配上内容相关的图片，让用户轻松愉快耐心地浏览页面。如图 7-8 所示为配图前后的效果对比。

图 7-8 加粗显示关键词句

7.2.5.2 配图明确文字的含义

文字大多已演化得很抽象，即使描述具象的事物时，不同人对相同文字的理解也会有出入。例如，看到“石灰粉”三个字的时候，可能有人会想“石灰粉是什么？是我想要的石灰粉吗？”。配图能帮用户明确文字要表达的具体含义，如图 7-9 所示。

图 7-9 配图明确文字的含义（右侧为石灰粉的照片）

7.2.5.3　配图增加可信度

俗话说有图有真相，图文并茂会增加可信度。如图 7-10 所示，为客户评价配图前后效果对比。

图 7-10　图文并茂增加可信度

显然，有评价者照片的设计效果更加可信。

7.2.5.4　配图强化表达效果加深印象

一些夸张的配图或具有示意性（非真实）的配图能产生较强的视觉冲击，同时强化信息的内涵，给人留下深刻印象。

如图 7-11 所示，超大的话筒和坐在话筒上的人，强调“演讲”主题含义，给人印象深刻。

图 7-11　演讲口才页面上超大的话筒和坐在话筒上的人

如图 7-12 所示，为了表达鞋底透气性能，在配图中添加了示意性的元素——从鞋底喷出的蒸汽，可强化视觉效果，加深印象。

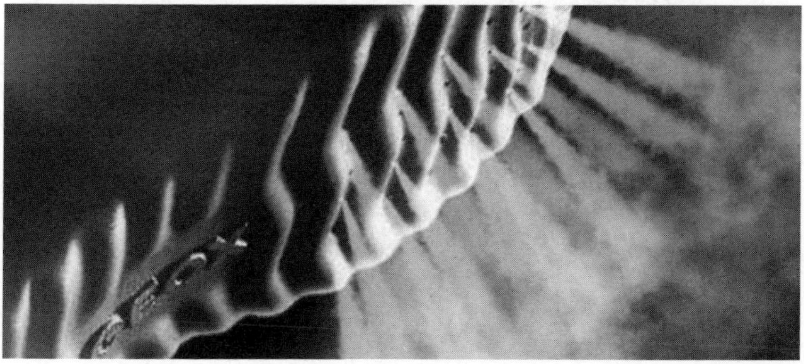

图 7-12　添加示意元素突出产品特性——透气

为了强化表达效果，图 7-13 表达果汁来自鲜榨的水果，使用了示意性的配图——插入水果的吸管，图 7-14 表达蚕丝面膜的概念，使用了示意性的配图——飞蛾揭开面膜。

图 7-13　示意性的配图——鲜榨

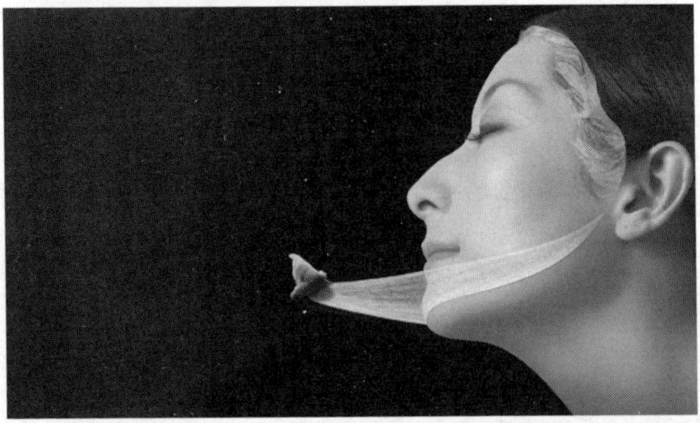

图 7-14　示意性的配图——蚕丝面膜

图片使用的基本要求

配图有很多好处，但不是随便配上图就能产生效果，在此提几点配图时图片使用的基本要求。

1. 努力让图片内容与文字含义相关

好的配图能辅助文字更快地传递信息，如果图片和文字要表达的信息不是很吻合，则效果就会大打折扣，严重的会对用户产生误导。所以要努力让图片内容与文字的含义保持相关。如图 7-15 所示，是两种配图的效果对比。

图 7-15　两种配图效果对比

改版前（左图）的配图使用的是年轻男子的卡通形象，改版后（右图）使用的是“放大镜和话筒”的示意图。显然对应于“找配音”的文字内容来说，右图更加相关。

因为并不是所有人都能快速理解“年轻卡通男子”代表“配音演员”，但至少“放大镜”代表“搜索或查找”，“话筒”也和配音有关。

当然，一定还有更好的配图，但这里的改进已是在努力保持配图与文字相关。

2. 图片主题要明确集中

避免使用会产生歧义的图片，在使用产品照片时不带入照片背景，删除或模糊背景让图片主题明确而集中。如图 7-16 所示是删除了背景的产品照片。

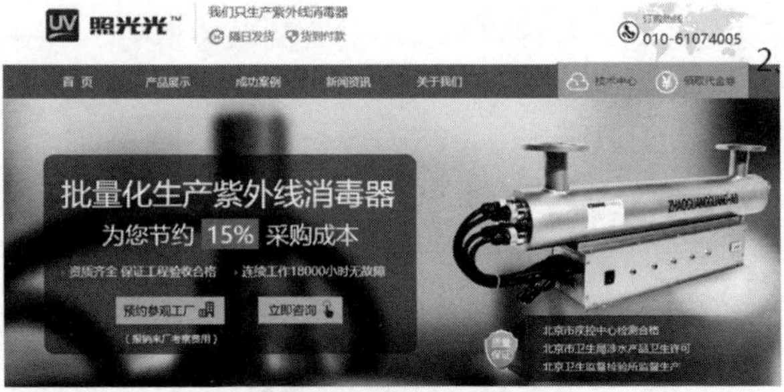

图 7-16 删除了背景的产品照片（右中）

3. 宁缺毋滥

在选择配图时，不能为了配图而配图，如果找不到合适的配图，则宁愿放弃配图。因为配图一定会产生影响，如果不能给网页加分，那么就会减分。

如图 7-17 所示，图中的展翅飞翔的鹰和右上角的柱状图与建筑模板不相关。这样的配图只会增加信息的噪声，除了消耗用户的注意力之外，并不会对促进转化有帮助。

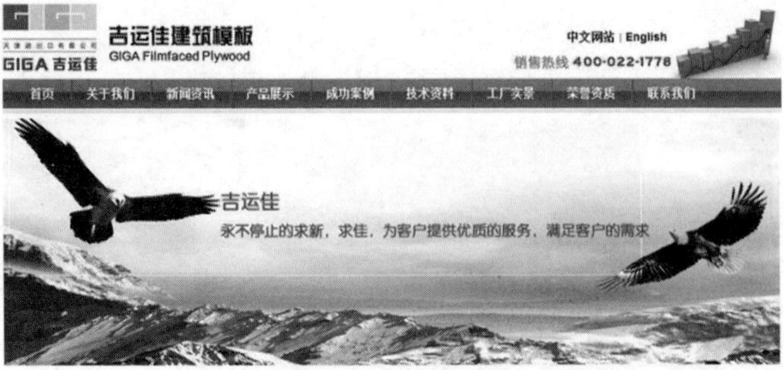

图 7-17 不恰当的配图是信息噪声

7.2.6 用标题分割内容

为较长的文案准备更多的小标题，并用这些标题将内容隔开，让文案阅读起来更轻松。

记得上小学的时候，语文老师经常会布置一种作业就是总结段落的含义。用标题分割内容就是用一句话总结一个或多个段落的含义，然后用这句话作为小标题放在正文里。

如果把阅读全文当成读者的一次任务，那么为正文多总结几个小标题。这些小标题对于读者来说就像把一个大任务分解成了一个个小任务，让读者逐个去完成，这样整个任务会变得轻松很多。

如图 7-18 所示是使用小标题分割内容前后的对比效果。

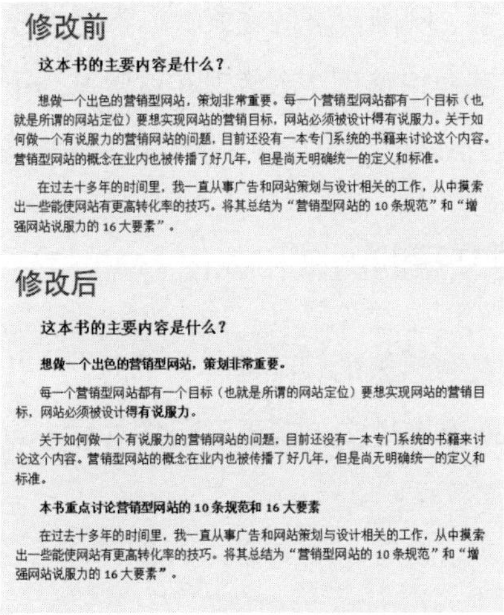
修改前

这本书的主要内容是什么？

想做一个出色的营销型网站，策划非常重要。每一个营销型网站都有一个目标（也就是所谓的网站定位）要想实现网站的营销目标，网站必须被设计得有说服力。关于如何做一个有说服力的营销网站的问题，目前还没有一本专门系统的书籍来讨论这个内容。营销型网站的概念在业内也被传播了好几年，但是尚无明确统一的定义和标准。

在过去十多年的时间里，我一直从事广告和网站策划与设计相关的工作，从中摸索出一些能使网站有更高转化率的技巧。将其总结为“营销型网站的 10 条规范”和“增强网站说服力的 16 大要素”。

修改后

这本书的主要内容是什么？

想做一个出色的营销型网站，策划非常重要。

每一个营销型网站都有一个目标（也就是所谓的网站定位）要想实现网站的营销目标，网站必须被设计得有说服力。

关于如何做一个有说服力的营销网站的问题，目前还没有一本专门系统的书籍来讨论这个内容。营销型网站的概念在业内也被传播了好几年，但是尚无明确统一的定义和标准。

本书重点讨论营销型网站的 10 条规范和 16 大要素

在过去十多年的时间里，我一直从事广告和网站策划与设计相关的工作，从中摸索出一些能使网站有更高转化率的技巧。将其总结为“营销型网站的 10 条规范”和“增强网站说服力的 16 大要素”。

图 7-18 使用小标题分割文案内容

显然分割后的内容，阅读压力变小了。而且用户还可以通过小标题快速了解内容的主旨。

7.2.7 删掉一些，再删掉一些

很多有关文案写作的技巧的文章中，常常能看到类似“删掉一些”的建议。人们喜欢言简意赅的文章。在文案写作中，想做到言简意赅，可以“强迫”自己将写好的文字删掉一些，再删掉一些。

我是在写微博的过程中体会到这个小技巧的。发布微博通常要比写文章言简意赅，因为早期微博的字数被限制在 140 个字以内。如果要说清楚，又不想分成两条，则只能绞尽脑汁去精简语言。在这本书的写作过程中，为了控制篇幅，也这样做过。

在多数情况下，刚刚写下的文案，在没有被修改之前，都可以通过删掉一些文字变得精练，不信现在就尝试一下，看看昨天你发的微信或微博，能不能把字数减少一半，而不影响你要表达的含义。

7.2.8 保持对文案的测试和优化

好的文案不是写出来的，而是改出来的。或者说只有更好，没有最好。为了不断追求进步，需要不断修改写好的文案。那么修改的依据是什么呢？

测试！

对修改最有发言权的不是专家、不是老板，而是网站真实的访问者。那些优秀的网站运营人员总是在不断追求更高的转化率。他们频繁地在网站上进行多项测试，并依据测试结果不断改进网站。方方面面，每一个细节都不放过。

如图 7-19 所示的案例来自 Voices.com 的两个不同版本。一起来比较一下他们是如何改进的。

图 7-19　改版前（左）与改版后（右）

首先来看网站宣传语的变化。

改版前：Welcome to the #1 Marketplace for Voice Over Talent

改版后：The #1 Marketplace for Voice Overs

宣传语位置的调整：从导航移到页面顶部靠近标志的位置，说服逻辑上更加顺畅。宣传语的内容删掉了“Welcome to”和“Talent”，并且将“Over”改成复数“Overs”，言简意赅。在不影响要表达的含义的情况下，让信息传达效率更高，用户阅读起来更轻松。

再看网站标题的文案也做了相应调整。

改版前： Find Voice-over Talents

改变后： Find Voices

更加简洁，更加贴近用户使用的语言。

再看优势部分的文案调整，重点看网站对第二点优势的调整。

改版前： Post your job free and see great results.

改版后： Post your job free.

显然在网站的新版本中，优势的第二点部分后半句话“see great results”被删除了。

再看到配图的变化，之前是一个人物的卡通形象，现在换成了含义更加贴切的话筒和放大镜。

认真比较两个版本的差异。从中学到了什么？如果手头有网站，那么现在就开始尝试对你的网站文案做大胆改进吧。然后做一个简单的测试，看看改进效果如何。

恭喜你，至此你已经知道打造一个强大的有说服力的营销型网站应该使网站具备哪些要素了，并且也知道该如何去准备这些要素了。

下面要做的就是把它们“拼起来”。

第 8 章

案例图解营销型网站说服力要素和页面布局

本章收集整理了一些来自不同行业的优秀的营销型网站案例，通过这些案例，将有机会从一个宏观上认识营销型网站，并从整体上把握营销型网站的说服力要素的应用和页面布局。

甚至，可以直接参考这些案例的**网页框架分析图，填充你自己准备的网站要素，快速地完成网站策划**。也有可能你会将这些案例不同的部分拿出来重新组合“拼装”成适合自己的网站框架，完成属于自己的营销型网站。

你会发现，如果已经准备好了前面所说的营销型网站的要素，则将他们组织起来变成一个有说服力的网站是一件非常容易的事情，就像搭积木。

8.1 营销型网站案例分析 01

案例 1 SEO 培训着陆页 http://www.sem999.com/seo-training/

网站简介： 网络营销培训网站

1. 案例截图

如图 8-1 所示为网站 SEO 培训着陆页截图。

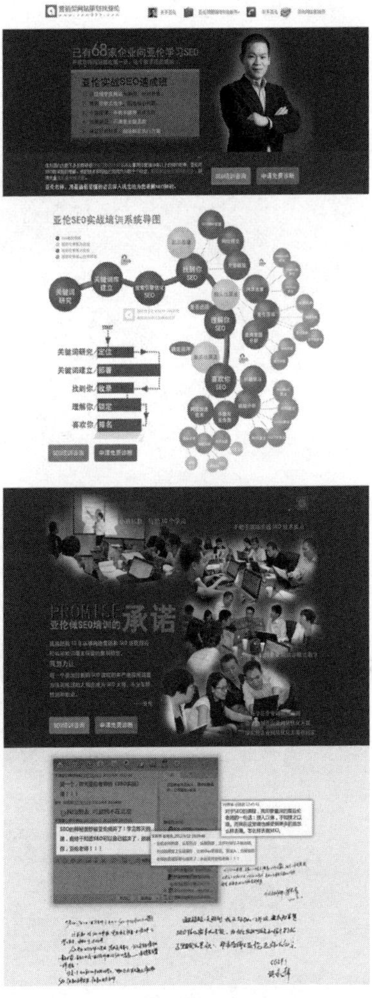

图 8-1　SEO 培训网站截图

2. 图解说服力要素

如图 8-2 所示，为说服力要素说明。

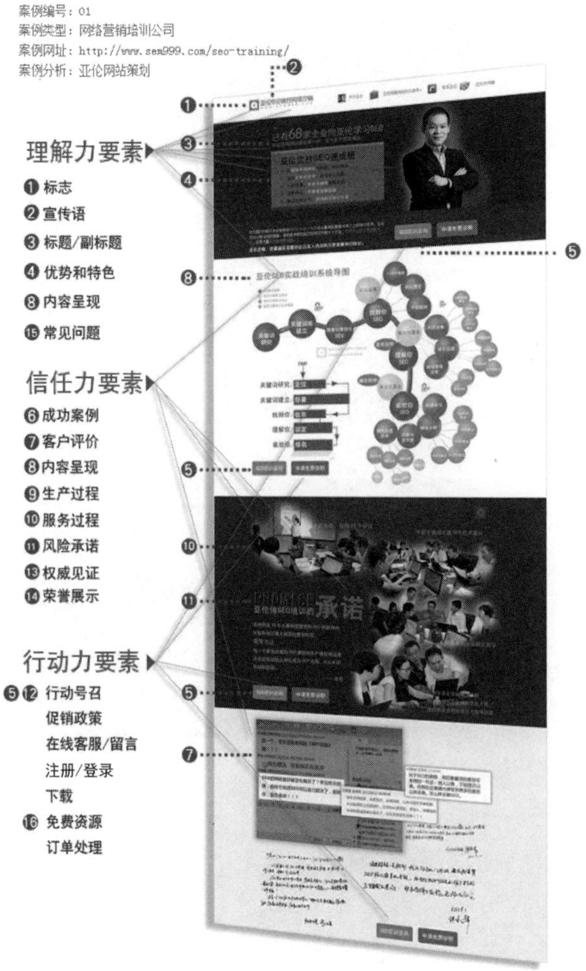

图 8-2　说服力要素说明

3. 页面布局框架分析

如图 8-3 所示，为页面布局框架分析。

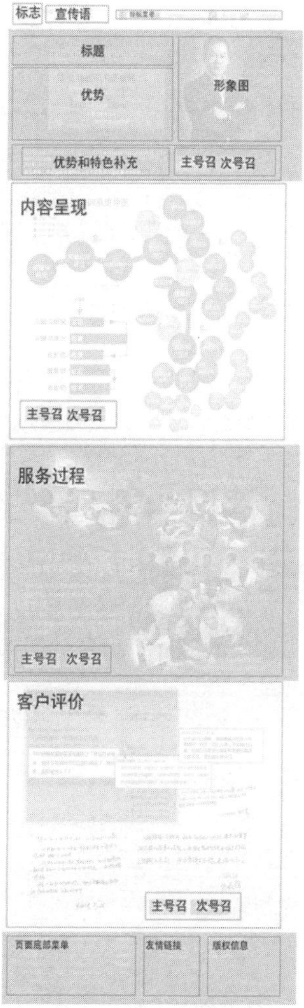

图 8-3 页面布局框架分析

8.2 营销型网站案例分析 02

案例 02 Voices.com 的网站为 http://www.voices.com

网站简介：配音中介服务网站，企业可以通过该网站找到满意的配音演员。配音演员可以通过此网站找到配音工作。

1. 案例截图

如图 8-4 所示，为 Voices.com 网站。

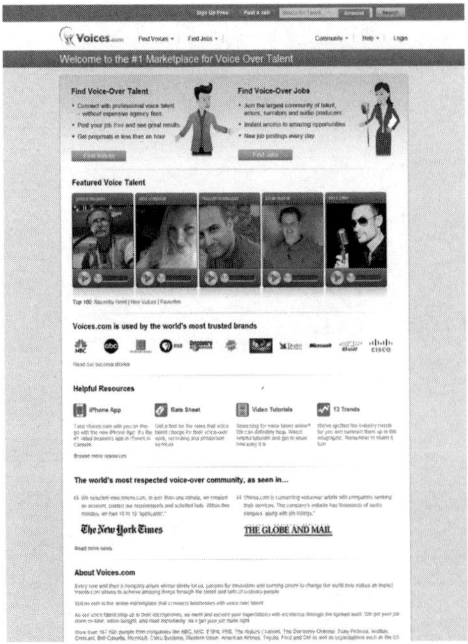

图 8-4 Voices.com 网站

2. 图解说服力要素

如图 8-5 所示，为说服力要素说明。

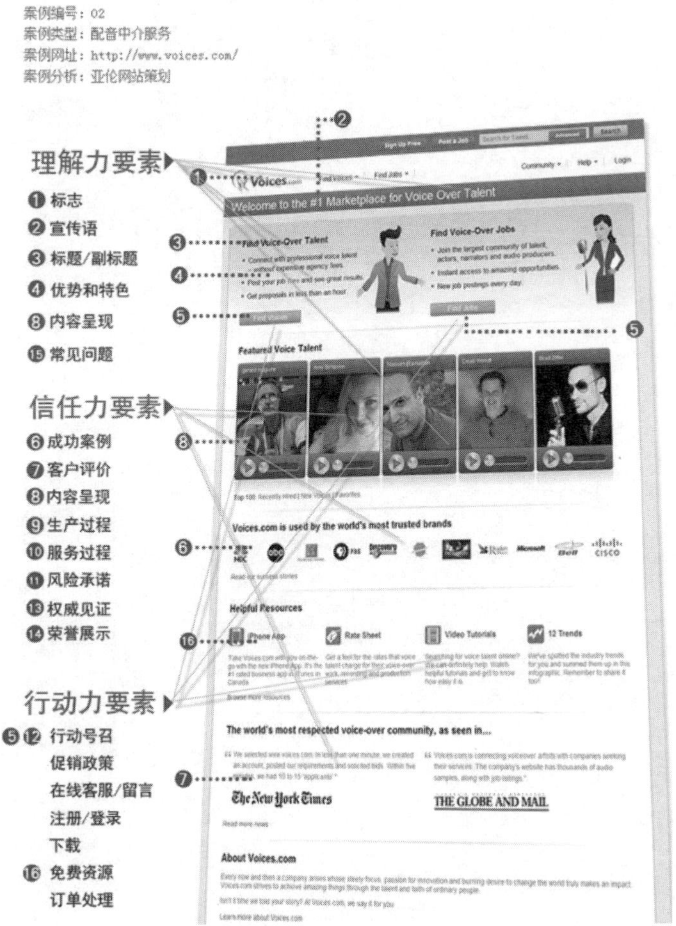

图 8-5　说服力要素说明

3. 页面布局框架分析

如图 8-6 所示，为页面布局框架分析。

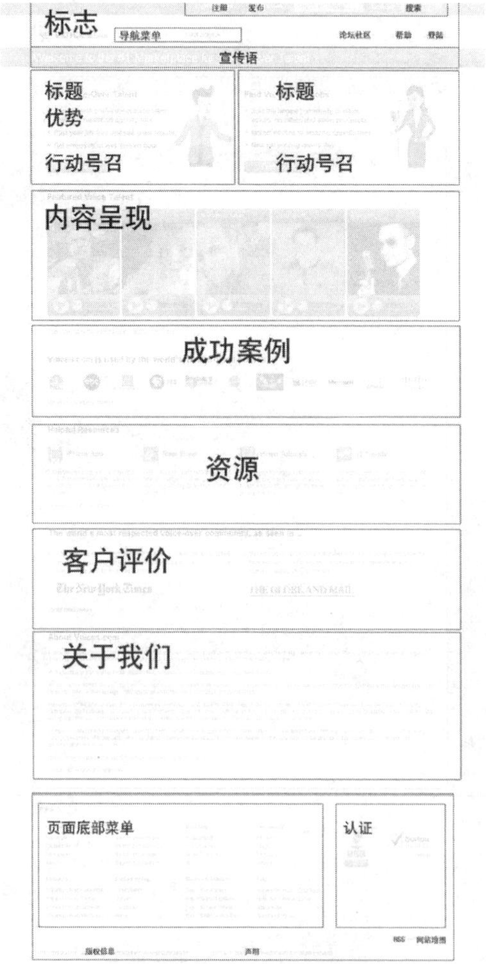

图 8-6　页面布局框架分析

8.3 营销型网站案例分析 03

案例 03　48 小时标志设计 http://www.48hourslogo.com/

网站简介：标志设计服务网站

1. 案例截图

如图 8-7 所示，为 48 小时标志设计网站。

图 8-7　48 小时标志设计网站

2. 图解说服力要素

如图 8-8 所示，为说服力要素说明。

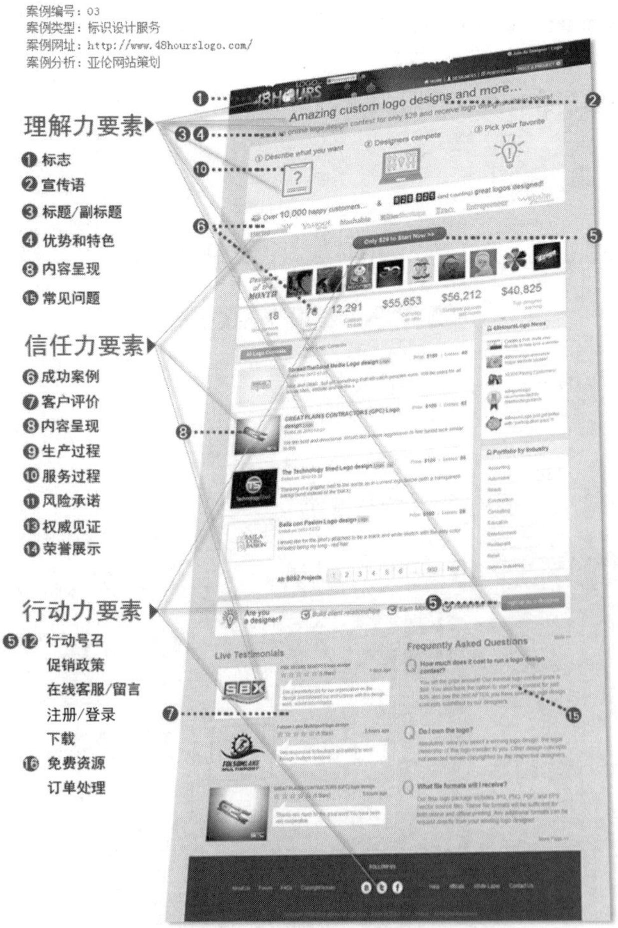

图 8-8　说服力要素说明

3. 页面布局框架分析

如图 8-9 所示，为页面布局框架分析。

图 8-9 页面布局框架分析

8.4 营销型网站案例分析 04

案例 04 NING 的网站为 http://www.ning.com/

网站简介：社交网站创建平台

1. 案例截图

如图 8-10 所示，为 NING 网站。

图 8-10 NING 网站

2. 图解说服力要素

如图 8-11 所示，为说服力要素说明。

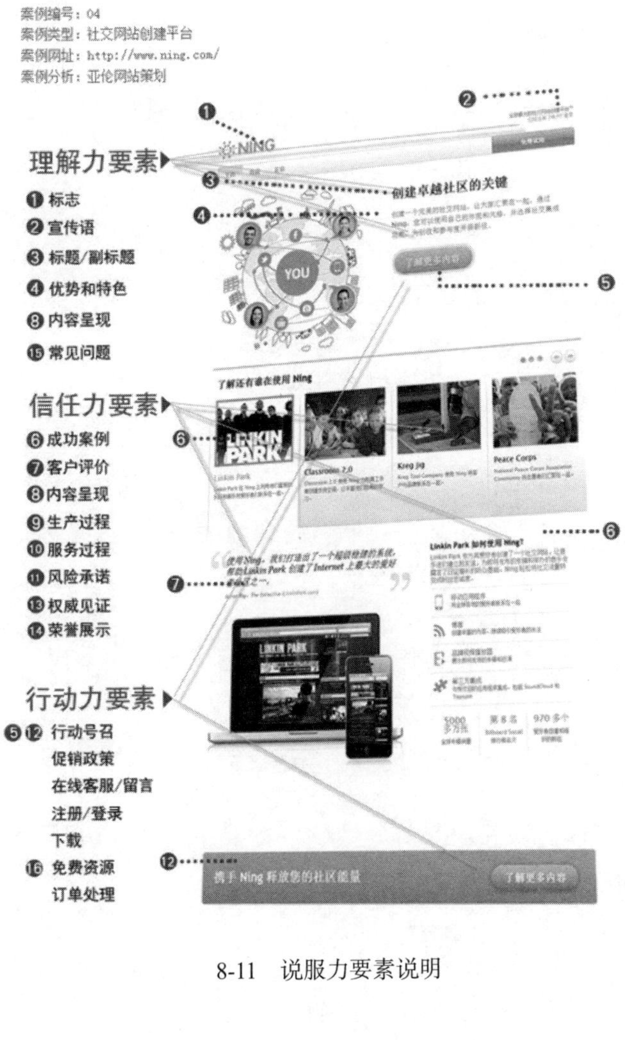

8-11 说服力要素说明

3．页面布局框架分析

如图 8-12 所示，为页面布局框架分析。

图 8-12　页面布局框架分析

8.5 营销型网站案例分析 05

案例 05 Outbrain 的网站为 http://www.outbrain.com/

网站简介：网络推广服务

1. 案例截图

如图 8-13 所示，为 Outbrain 网站。

图 8-13 Outbrain 网站

2. 图解说服力要素

如图 8-14 所示，为说服力要素说明。

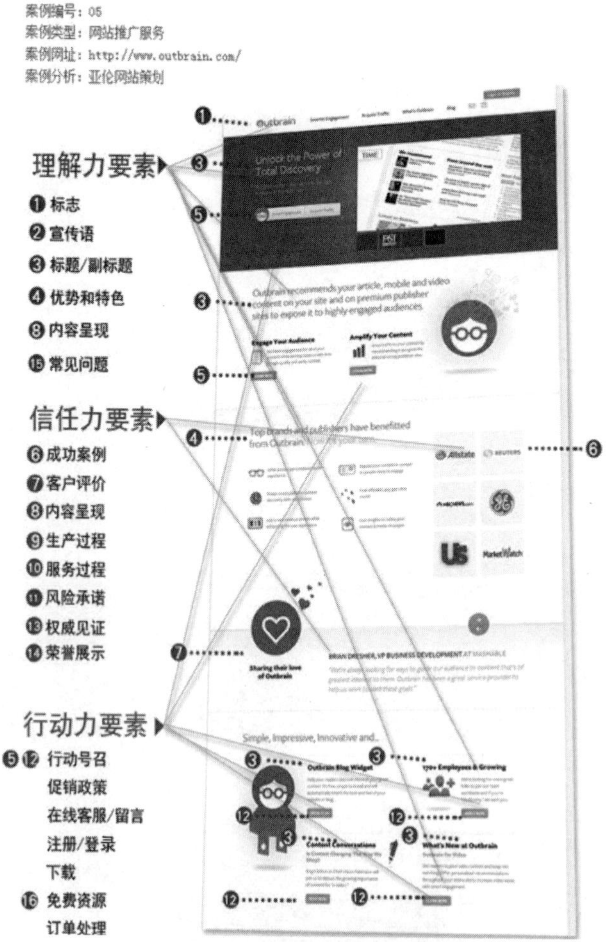

图 8-14　说服力要素说明

3. 页面布局框架分析

如图 8-15 所示，为页面布局框架分析。

图 8-15　页面布局框架分析

恭喜你，现在已经完整地学习了营销型网站的 10 条规范和增强网站说服力的 16 大要素，并且也看过了几个非常棒的案例。是否发现，现在策划网站对你来说变得简单了很多？是否不再像以前那样面对一张空白纸和一大堆资料，不知从何处着手了？

第 9 章将讨论如何开始自己的营销型网站策划之旅，以及专业建站公司如何更好地为客户建设营销型网站。

了解这些内容后，无论是公司内部团队自己建站，还是请建站公司帮忙建站，或者作为乙方为企业提供建站服务，都能提高工作效率，获得更好的结果。

对于那些想在网络营销行业掘金，准备成立专业的营销型网站建设团队的创业者来说，本章的内容更不能错过。

第 9 章

如何开始你的营销型网站策划

前文已经讨论了策划一个有说服力的营销型网站需要准备的内容，以及如何使用说服逻辑高效地组织这些内容。

在正式开始动手策划属于自己的网站之前，希望下面几条建议对你有所帮助。

9.1 没有必要等一切都准备妥当才开始

看完这本书后，也许你已经开始摩拳擦掌，跃跃欲试了，对吧？

那么第一步做什么呢？就像盖房子，先要画图纸一样，对营销型网站策划来说就是画策划草稿（也叫原型图）。

这个一点也不难，参考说服逻辑的内容，你已经知道在草稿纸上大概先放什么，再放什么。实在不行，参考第 8 章的图解案例，直接将“页面布局框架分析图”拿过来用或简单改造后用。这是再简单不过的了。

但是，当你兴致勃勃地画好网站的框架，准备往里面填内容的时候，也许会像很多策划人员一样，发现还没有准备好需要的所有内容，还有很多细节没有完善。

例如，“网站宣传语”写得还不是很满意；产品和服务的优势总结得还不是很充分；甚至连成功案例还没有收集完整；像样的客户评价一条也没有；生产过程、服务过程、荣誉证书等都有待整理。

工作的进展好像并不是那么顺利，刚才的兴奋劲荡然无存。

遇到这种情况时不要气馁，因为这种情况是再正常不过的，很多企业在做营销型网站策划的时候都会遇到。相反，在这个阶段遇到困难越多的企业，越值得庆祝。

因为缺乏这些要素恰恰说明在之前的市场营销活动中，无论是线下还是线上都缺乏有效指导和深入思考，所以企业的市场营销业绩进步空间很大。

16 要素中每个要素本质上是一个营销工具，营销型网站就是要将这些营销工具融入网站中。现在，可以趁这次机会完善这些营销工具。这意味着企业或网站将第一次拥有这些工具，虽然要付出不少努力才能获得这些工具，但是，同时也意味着将在营销中取得重大突破和进展。

也许你会想，是否应该把网站的工作先放一边，等准备好这些要素之后再来制作网站。完全没有必要等一切都准备妥当才开始。

企业要想做好网络营销，既复杂又简单。复杂是因为面对瞬息万变的网络环境和日新月异的网络应用，要不断更新知识，掌握新的工具。简单是因为其实很多时候，只要比竞争对手做得好一点就够了。

在营销型网站的策划阶段，可以将蓝图画得很宏伟，并不表示要一次性建设完成。如果“建筑材料”不够，可以分期完成建设。

就像建筑行业里规划的，一期工程、二期工程，甚至比建筑行业更有优势的地方是，建筑不能"偷工减料"，每一块材料应该要合格，一旦安装，通常意味着终身使用，不能中途随意调整和替换。而在网站建设过程中，完全没有这种限制，恰恰相反，可以不断调整，更新"材料"，是追求更高转化率和更多订单应该要做的工作。这个过程在营销型网站策划中被称为测试和优化，而这种建站思想在互联网思维里叫"迭代思维"。

既然有如此多的机会追求完美，没有必要在一开始就完美，因为如果想做得完美，那么网站永远也无法上线，所以在营销型网站的建设实践中，可行性较高的方案是尽可能准备好网站要素，不齐全也没有关系，无须等待，利用你在本书中获得的知识，朝着理想的营销型网站的目标前进就好。

遇到没有准备好的要素暂时先忽略它，继续进行下一步。暂时忽略不代表放弃，否则这本书的讨论就没有意义了，接下来可以在运营工作中有意识地积累这些要素。例如，更加努力地做好产品和服务，赢得客户尊重，获得成功案例和好的客户评价；要时刻保持对网站和企业目标的深入思考，对产品和服务的定位重新进行审视和调优，写出优秀的"网站宣传语"；需要不断自我反思和提炼，不断加深对客户的了解，提出独特的价值主张，提升企业的竞争优势。

9.2 没有营销思想，就没有营销型网站

网络营销的本质还是营销，网络只是工具。同理，营销型网站的本质还是营销，网站只是工具。**如果没有营销思想，那就做不出真正的营销型网站**。

营销型网站成功的根本在于营销思想和好的商业模式设计。想做出有说服力和高转化率的营销型网站，需要研究：你的客户到底是谁；他们真正需要的是什么；什么在影响他们的决策；如何高效地传达信息让他们理解和信任你；如何才能成功说服他们购买你的产品，并依此设计出一套好的商业模式，然后融入到网站的策划中。

准备营销型网站的过程也是对线下传统营销方法的一次梳理和思考。每一个说服力要素本质上都是一个营销工具，所以，在此过程中产生的劳动成果也可以为线下营销所用。

9.3 做好网页的设计和美工，不让说服力打折

好的页面设计和美工是让网站说服力充分发挥作用的保障。设计的主要工作是“形形色色”，关注的是色彩和布局的问题。

本书在“营销型网站的 10 条规范”的环境篇中简单讨论的是

对设计的基本要求。设计中还有很多细节需要细致思考和不断尝试。

对多数人来说，短时间掌握专业的设计和美工知识没有想象的那么简单，设计中有很多经验的东西是非专业人士难以把握的。建议可以把设计的工作交给专业人员去完成，并给他们提供好的案例作为参考。

设计过程中的关键时间节点和在最终定稿前需要做一些任务测试，以保证设计师能根据策划方案设计出有吸引力的网站，并以明确的视觉路线指引用户按照你期望的方式浏览网站，用强有力的营销要素和说服逻辑把“观光客”转变为客户。

关于任务测试，请回顾本书 3.1 节、5.3 节、6.16 节说服逻辑的相关内容。

9.4 没有最好，只要更好，坚持测试，不断改进

常说好的文案不是写出来的，而是改出来的。不妨借用这句话来强调营销型网站测试的必要性。**好的网站不是策划出来的，而是改出来的。**

文字是人类不断进步的阶梯，但是，没有任何文字可以准确无误地描述客观事实。面对同样的文字也会出现“仁者见仁，智者见

智”的现象[1]。写入网站上的文字没办法让所有的人都保持一致的理解力，但是，应该尽最大努力让更多的人深入理解我们要表达的含义。要实现这点，测试必不可少。

测试贯穿营销型网站策划的始终，策划早期需要对营销要素的文案进行测试。网站正式上线前，要对网站进行任务流测试，网站运营中要对网站的各个细节的优化方案进行测试。据说亚马逊的网站上每天都在进行至少数百个测试项目，这些测试将不断改进网站的各个细节，帮助亚马逊的网站获取更高的转化率和订单。

9.5 建站公司如何更好地为客户建设营销型网站

营销型网站的策划与建设对网络营销从业者来说充满着无限机会。目前超过90%的企业网站缺乏专业的指导，大量“糟糕”的网站正在给企业网络营销带来损失。

目前，市场上提供建站服务的公司非常多，而大量的企业网站又问题重重，主要原因如下。

1. 通常建站公司只负责建站，至于网站做好之后有没有效果并不在其职责范围内。目前的市场背景下，让建站公司对网站上线

---

① 佛家称类似的现象为“文字障”。生活中经常会遇到类似的现象，例如，当有人说“衣服能穿多少穿多少”时，实际上有三种含义：“多穿”、“少穿”、“适当穿”。不同的语境同一人或相同语境不同人的理解可能完全不一样。

推广的最终效果负责，确实超出了合理要求。

2. 多数企业对网站策划没有明确的概念，不了解网站策划在网络营销活动中的重要作用。不了解一个好网站的意义，更不知道如何才能打造出一个好网站。

3. 多数企业和建站公司合作的重点是“网站建设”，而不是“网站策划”。“网站策划”常常作为不重要的项目被免费赠送。从重要性上讲，这实际上是“本末倒置”的。企业想获得一个有用的网站，“网站策划”的重要性远远高于“网站建设”。

4. 多数企业暂时不能接受为“网站策划”单独付费，更别谈接受比“建站费”还要高的“策划费”，而实际上本应如此。

在这种市场背景下，建站公司如何才能帮助客户做出真正有用的营销型网站呢？当然可以把本书或者 9.5 节的内容推荐给客户看，让客户对“网站策划”的重要性有足够的认识，并愿意为“策划”预留出额外的预算。

另外，努力在服务流程中更加规范，可以提升网站最终的质量。下面给出营销型网站建设团队为企业服务的流程，以供参考。

1. 建站委托方基本需求调研。

2. 竞争对手相关情况调研。

3. 委托方品牌、产品、服务及商业模式调研。

4. 目标客户需求及决策行为调研。

5. 网络营销商业模式重新设计及确认。

6. 网站策划头脑风暴会议。

7. 完善并讨论和确定网站原型图。

8. 效果图设计制作与确认。

9. 网页编码及后台管理程序开发。

10. 网站验收。

为什么要设计这样的服务流程？下面简单解释一下。

9.5.1 了解委托方需求，挑选客户

必须得承认每一个建站团队都有自己擅长的行业和领域，同时也有自身能力的局限。

建站团队接单时，应该有所为，有所不为。俗话说“没有金刚钻，别揽瓷器活”，为了更好地服务企业，应根据实际情况，对客户做适当的筛选，避免接受严重超出能力范围的任务，以免给客户造成不必要的时间与金钱的损失，同时避免引发不必要的商业纠纷。

另外，专注某个行业或领域对建站公司来说，可以不断积累优

势，提升竞争力。

挑选客户还有另外一个重要的原因。如果遇到一些不怀好意的、假劣伪冒、坑蒙拐骗的公司要求建站时，则应该断然拒绝，不能为了一点利益而助纣为虐，帮助不法分子建站，进而欺骗消费者。

所以，在决定提供服务前，应该对以下问题与企业做充分沟通。

1. 网站做给哪些人看？

2. 网站要卖什么产品和服务，或是宣传什么思想？

3. 希望通过网站达到什么目的？

4. 客户期望的网站是什么样的？（了解客户的心理预期，更容易超出预期地完成任务，避免不必要的意见分歧，提升客户的满意度。）

5. 客户是否有满意的网站提供参考？（客户提供网站参考，可以更快地了解客户的喜好与期望。）

6. 项目预算与期望的项目周期？

9.5.2 做好调研，事半功倍

在完成第一步之后，达成合作意向，签订合同后，紧接着需要开展的工作是调研。

首先是“客户竞争对手相关情况调研”。凡是能称之为市场的，通常都会存在竞争，要想在竞争中脱颖而出，需要对竞争对手有充分认识，以便帮助客户找出企业的优势与不足，在营销中扬长避短，帮助客户做出更精准的定位。

9.5.2.1 到底谁是客户的竞争对手

在互联网中，客户的竞争对手并不一定是具体的某一家企业，而是由一个个场景构成的竞争环境。这个场景可能是这样形成的，用户搜索一个词，然后打开一系列网页做比较，最终从中选择一个满意的网页咨询或下订单。

竞争对手有时是企业 A，有时是企业 B，而有时是企业 C 的某个页面，或者企业 A 和企业 B。换句话说，在互联网中，有时是网页与网页的竞争，而不是企业与企业的竞争。需要考虑的是如何在特定场景中获胜。

举个例子，对我的一个生产氢氧化钙的客户来说，当用户搜索“氢氧化钙生产厂家”的时候，他的竞争对手是这个搜索词对应的结果中网页的内容与厂家。

当用户搜索“氢氧化钙”的时候，搜索结果发生了变化，之前会出现的网页，这次可能不再出现，而是出现了新的网页，这时的竞争对手则是这些新的网页内容以及其对应的企业。

9.5.2.2 超越竞争对手或行业标准

调研竞争对手的目的是超越竞争对手，检查竞争对手的卖点，看看哪些是可以超越的，凡是能超越的都有可能成为我们在竞争中获胜的武器。

调研的方法有很多，专业的营销调研通常时间长、成本高，且不仅是为一次建站项目而开展，而是服务于更广泛和更长期的营销策划。要想说服企业在做网站策划之前花费动辄数万元、数十万元资金去请专业调研公司做营销调研会很困难。但要想对策划结果负责，调研工作必不可少。

幸好，还有一些简单、易于操作、低成本、高效的调研方法可以实现调研目标。例如，调查问卷法、深度访谈法、观察法、数据分析法、体验法、竞争分析法等①。

9.5.3 重新确认商业模式避免网站失败

前期调研结束后，一般情况下，会对客户的网站策划有大致的思路。在思路中，可能会涉及产品的定位、目标客户的定位、核心卖点的挖掘等，也有可能会涉及客户网络营销商业模式的重新设计。

最终需要做的网站可能不是客户当初找你时想要的网站。这些变化需要重新跟客户商讨，并赢得客户的认可。等客户重新确认之后，才能继续下面的工作。

确认工作主要是为了跟客户的决策层达成一致，提出有效的方

① 这些方法具体的内容请参阅本书姊妹篇《着陆页》。

向性建议，而不是一味迎合客户的要求。这是一个专业性强、负责任的建站团队应该做的事情，毕竟有时候客户并不总是对的。

建站团队应该从网络营销全局出发，给客户更专业的建议，而不仅仅是完成建站任务，达成网络营销目标才是客户想要的。确认完成就可以开始第六步“网站策划头脑风暴会议”工作了。

9.5.4 群策群力快速达成一致

网站策划头脑风暴会议是指组织企业相关项目主要负责人、产品研发、生产、销售、网络营销相关人员等参与，共同讨论完成包括但不限于以下工作。

1. 目标客户定位、产品定位、网站目标及商业模式设计等。

2. 卖点挖掘与塑造。

3. 网站说服力要素设计。

4. 网站线框图（原型图草稿）。

5. 建站素材准备清单。

这些工作当然也可以不通过头脑风暴会议，而是由专门的业务小组完成，但是实践证明，让客户与网站利益相关的人员都参与整个过程的讨论，有助于更快地达成一致，并形成最终结果。避免在确认过程中，甚至建站后期阶段产生来自客户不同部门的各种修改建议或新增内容要求。

9.5.5 签字确认循序渐进

无论是原型图，还是网站效果图完成后，应该请客户签字确认或邮件确认，避免阶段性的成果被随意修改，造成不必要的时间成本增加和工期延长。实践证明，如果不能很好地事先约定确认的环节，往往会造成很多意想不到的麻烦。例如，客户反复提出新的要求；添加新页面；页面上新增内容等打乱工程计划，甚至前功尽弃。

确认的主要时间节点有：原型图确认；效果图确认；网站整体验收，并且事先约定签字后一般不再做大幅度修改，简单耗时不大的修改，双方友好协商解决。

最终交付时，根据双方约定的功能与之前签字确认过的效果图进行各项检查与验收。

好的工作流程设计不仅给客户专业的印象，也可以有效提高最终网站的质量，并避免不必要的冲突，提高合作效率和客户满意度。

附录 A

Voices.com 的改版和测试

A.1 第一次改版的版本（见图 A-1）

图 A-1 第一次改版的版本

A.2　后续优化和测试版本（见图 A-2）

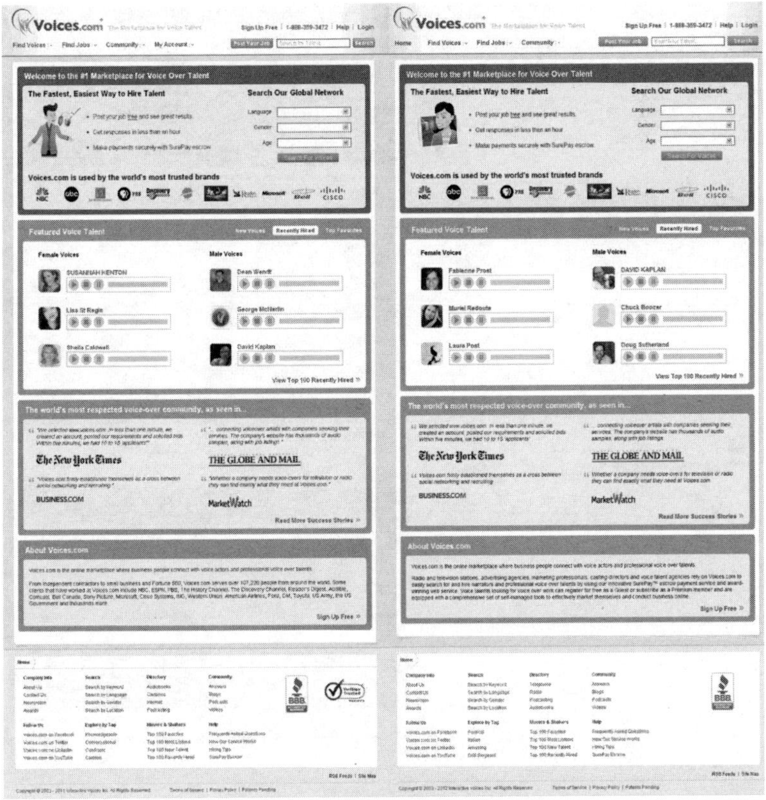

图 A-2　后续优化和测试版本 1

A.3 后续优化和测试版本（见图 A-3）

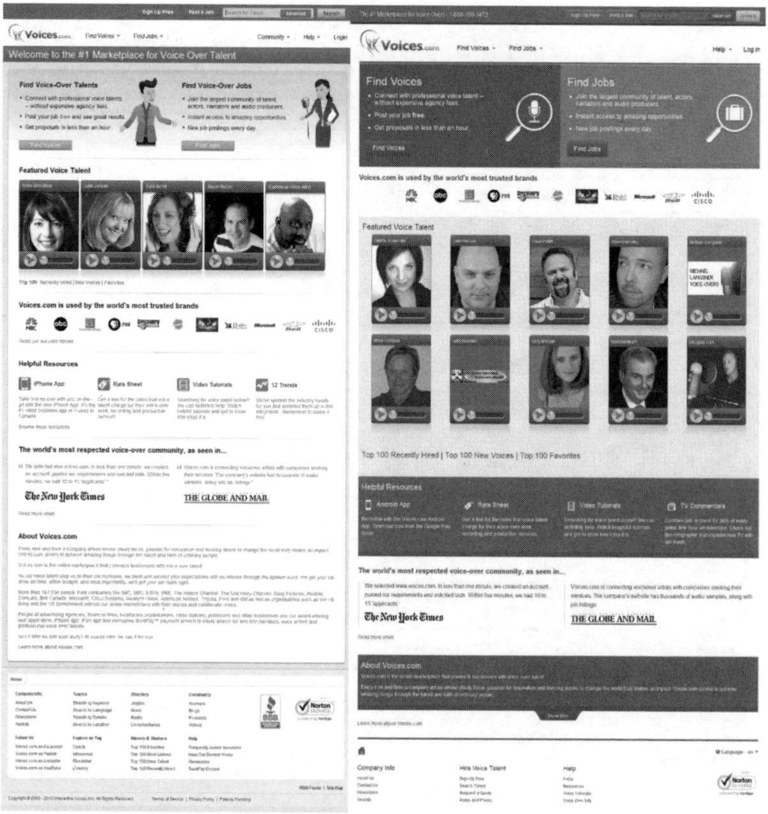

图 A-3 后续优化和测试版本 2

附录 B
国外营销型网站案例

B.1　标志设计服务网站（见图 B-1）

图 B-1　标志设计服务网站

B.2 营销服务公司（见图 B-2）

图 B-2　营销服务公司

B.3 建站服务网站（见图 B-3、图 B-4）

图 B-3　建站服务网站 1

Бесплатный
конструктор сайтов
Создать сайт
Сайты, созданные в uCoz
Быстрые факты
Возможности
Преимущества
PayPal
QIWI
КОШЕЛЕК
Яндекс
WebMoney
Создать сайт бесплатно

图 B-4　建站服务网站 2

B.4　应用服务网站（见图 B-5）

图 B-5　应用服务网站

附录 C

网站营销型改版案例

网站营销型改版案例如图 C-1—图 C-5 所示。

改版前

扫码看案例实录与启示

改版后

图 C-1　改版案例 1

改版前

改版后

图 C-2　改版案例 2

▲
改版前

改版后 ▸

图 C-3　改版案例 3

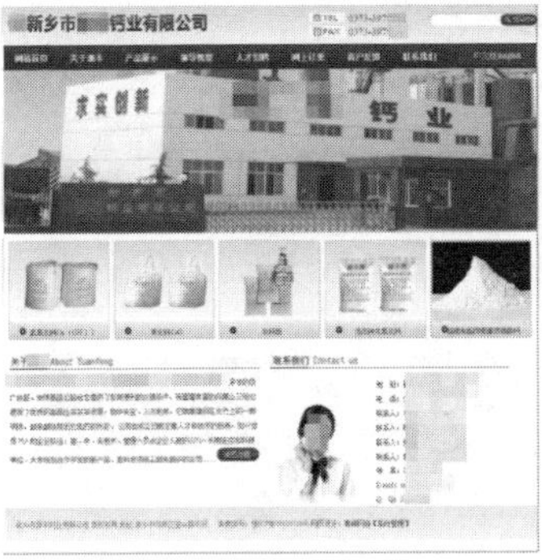

改版前

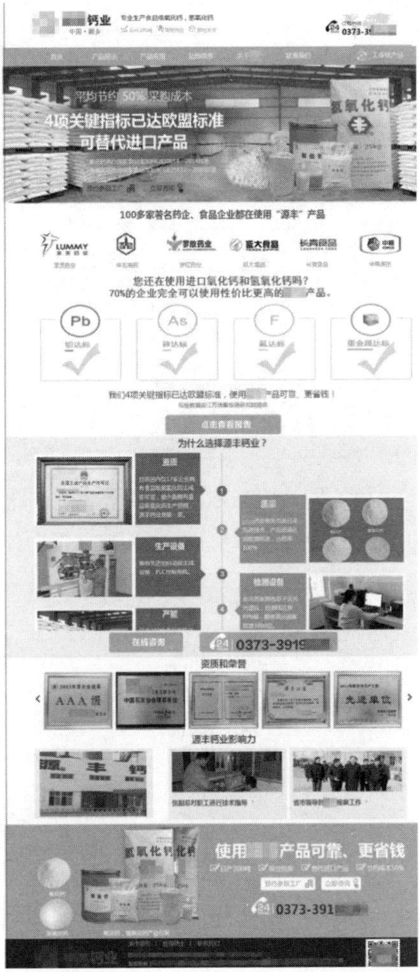

改版后

图 C-4　改版案例 4

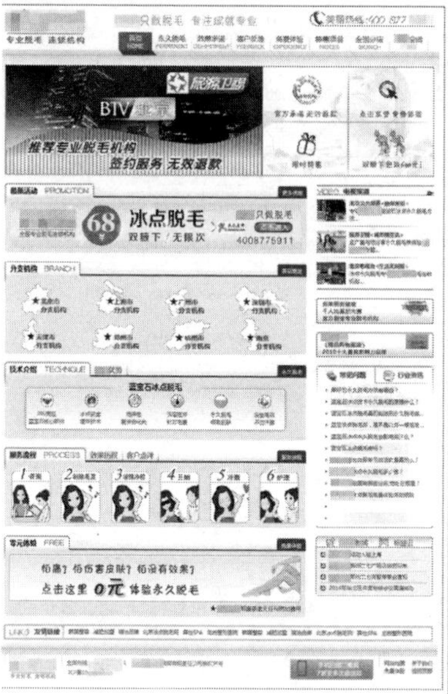

改版前

扫码查看案例实录与启示

改版后▸

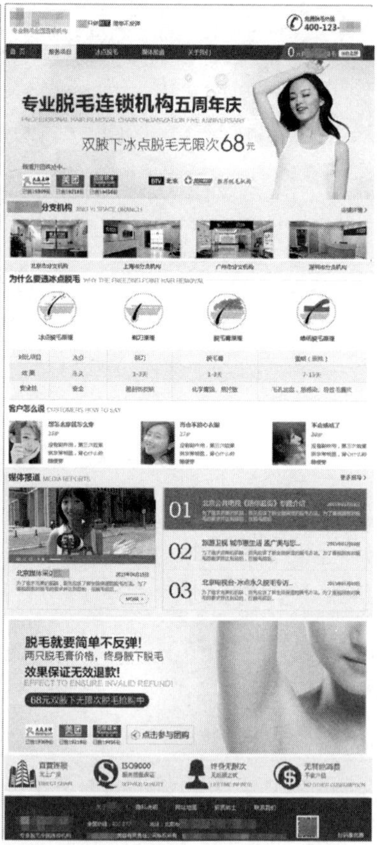

图 C-5　改版案例 5

后　记

有说服力的营销型网站就像优秀的业务员。

当面对客户时能做到：信息传达效率很高，三言两语就能把问题说清楚；让客户非常快速地理解和信任；知道要说服客户应该先说什么，后说什么；总是能为自己说的找到证据；当用户犹豫不决的时候，会告诉用户："大胆行动吧，风险由我们为你承担"；能说服客户尽快做出购买决策，而不是到竞争对手那里。

很多企业的网络营销都把主要精力花在网络推广上，而忽略了应当先准备好的网站。当发现效果不好时，并没有及时检查网站是否出了问题，而是去找网络推广的原因。他们不曾知道"网站没有说服力，一切推广白费力"。花钱越多，浪费越多。

要想做好网络营销，先从学习制作一个有说服力的网站开始①。

参加过研讨班或邀请我做过网站策划内训的企业，在网站策划方面都获得了很多灵感，他们中的大多数在非常短的时间内大幅改善了自己的网站，并获得了更高的转化率。其中一些有代表性的典型案例收录在本书的附录 C 中，另外，附录 B 还有一些国外优秀营销型网站的案例②供大家参考。希望这些案例能对大家有所帮助。

欢迎扫描下面的二维码与我进行微信交流，关注公众号分享本书到朋友圈，并截图发邮件到 58614887@qq.com，可获得书籍相关案例文件、授课视频、课件等资料。

扫码到分答向作者提问　　扫码微信订阅作者分享　　扫码查看本书推荐信

① 在一些特殊情况下，例如，仅通过网络广告获取流量，或时间和预算不足不能制作完整网站，至少需要一个有说服力的“着陆页”。相关问题可在本书姊妹篇《着陆页》中获得帮助，该书讨论了说服力在着陆页上的应用，同时也深入探讨了营销策划与商业模式设计等问题。

② 由于篇幅所限，大部分案例的模块之间的空白被压缩，实际上，这些网站的布局要比书中呈现得更加舒展。